Victor Vazquez
Jose R. Parga
Jesus L. Valenzuela

Destrucción de Cianuro Y Arsénico mediante Electrocoagulación

Victor Vazquez
Jose R. Parga
Jesus L. Valenzuela

Destrucción de Cianuro Y Arsénico mediante Electrocoagulación

Teoría de la Destrucción de Cianuro con Anatasa y Adsorción de Arsénico en Especies Magnéticas de Electrocoagulación

Editorial Académica Española

ÍNDICE

ÍNDICE DE FIGURAS

PAGINA

ÍNDICE DE TABLAS

PAGINA

RESUMEN

Se estudió la adsorción del dióxido de titanio y arsénico sobre especies generadas de electrocoagulación como magnetita, goetita y lepidocrocita.

El dióxido de titanio fue usado para eliminar cianuro de agua (400 ppm de CN^-) usando un proceso fotocatalitico. Con este proceso se logró un 94 % de eliminación de cianuro. Sin embargo, esta técnica tiene una desventaja para su uso industrial, la separación del dióxido de titanio después de la eliminación del cianuro es difícil debido a la fineza de las partículas, por lo tanto, el reuso del dióxido de titanio no ha tenido avance para el tratamiento de agua contaminada con cianuro. Para remediar este punto, se uso el proceso de Electrocoagulación (EC) para recuperar el dióxido de titanio de la solución. Usando la EC se logro un 99 % de recuperación.

Por otra parte, la producción minero metalúrgica ha generado residuos que contienen metales pesados y sus subproductos. Específicamente, compuestos de arsénico han sido descargados al medioambiente. Se usó la EC como una alternativa viable para tratar este contaminante, con este proceso se obtuvo un 99 % de remoción de arsénico sin adicionar algún otro reactivo químico.

Para determinar la viabilidad de la adsorción del dióxido de titanio y arsénico sobre especies generadas de EC se usó la isoterma de Langmuir y la ecuación de Langmuir-Hinshelwood. Se calcularon parámetros termodinámicos y cinéticos tales como la energía libre (ΔG°), entalpia (ΔH°), entropía (ΔS°), constante de adsorción y cinética.

ABSTRACT

The adsorption of titanium dioxide and arsenic on iron species (magnetite, gohetite and lepidocrocite) by electrocoagulation process was studied.

The dioxide titanium was used for degrade wastewater with cyanide (400 ppm of CN^-) using a photocatalytic process. With this technique was achieved a 94 % of cyanide reduction. However, this process has a disadvantage for an industrial application, the separation of titanium dioxide after the photocatalytic degradation of cyanide is rather difficult due to fineness of the particle and, therefore, the reuse of the titanium dioxide has not been advanced for the treatment of cyanide-containing wastewater. To alleviate this weak point, an Electrocoagulation (EC) technique was used to recover the titanium dioxide from its aqueous suspensions. Using the EC was obtained a 99 % of recovery of dioxide titanium.

In other hand, the mining operations and metallurgical production has generated wastes with heavy metals and by-products. Specifically, large quantities of arsenic compounds are being discharged into the environment. The full potential of Electrocoagulation (EC) as an alternative wastewater treatment technique to remove arsenic showed more than 99 percent of removal without adding any chemicals.

This study has been carried out to determine the feasibility of dioxide titanium and arsenic adsorption on iron species by EC process using the Langmuir's Isotherm and Langmuir-Hinshelwood equation. Thermodynamic and kinetics parameters such as free energy (ΔG^o), enthalpy (ΔH), entropy (ΔS), adsorption and kinetics constants were calculated.

OBJETIVOS

Objetivo General

Realizar un estudio cinético y termodinámico de la adsorción de dióxido de titanio y arsénico sobre especies generadas de electrocoagulación como magnetita, goetita, lepidocrocita.

Objetivos Particulares

Actualmente los procesos de recuperación de metales preciosos requieren inevitablemente el uso de soluciones cianuradas, a medida que el proceso de lixiviación transcurre, la concentración de cianuro disminuye hasta un punto en el cual la concentración es tal que la solución finaliza su vida útil dentro del proceso y ésta debe ser desechada creando graves problemas ambientales. En este estudio se propone el uso de una técnica innovadora la cual nos ayudara a tener menos residuos tóxicos. Para lograr esto el presente trabajo de investigación propone:

1. Destruir el cianuro de un efluente que contenga este contaminante empleando nanocristales de dióxido de titanio mediante la oxidación fotocatalítica y posteriormente recuperar el dióxido de titanio empleando el proceso de electrocoagulación.

2. También en este estudio se analizará la eliminación del arsénico de efluentes contaminantes usando el proceso de electrocoagulación y finalmente se llevara a cabo un estudio Cinético y Termodinámico que permita determinar los mecanismos de la adsorción de las partículas nanométricas de dióxido de titanio y los iones de arsénico en las especies de magnetita y goetita generadas en los electrodos de fierro durante el proceso de Electrocoagulación.

3. Con este análisis se ampliará el conocimiento sobre el proceso de Electrocoagulación y específicamente, la adsorción de las partículas de dióxido de titanio y arsénico en las especies de fierro. Para este análisis teórico se utilizara la ecuación de Langmuir-Hinshelwood para caracterizar dicho mecanismo.

I. INTRODUCCIÓN

En la actualidad, México es el primer productor mundial de plata y de acuerdo con las estadísticas se tiene una producción anual de 2,103,125 toneladas[1]. Nuestro país, al igual que el resto del mundo, utiliza el método tradicional de cianuración para recuperar oro y plata, en el proceso se generan efluentes con cianuro los cuales son peligrosos para el medioambiente. La reacción química para la disolución de oro y plata se puede expresar con la ecuación de Elsner[2]:

$$4Ag + 8CN^- + O_2 + 2H_2O \rightarrow 4[Ag(CN^-)_2] + 4OH^- \tag{1.1}$$

Después de la extracción y recuperación del oro y la plata, grandes cantidades de cianuro son desechadas en los efluentes creando problemas ambientales debido a la peligrosidad del cianuro[3].

En Estados Unidos la EPA ha fijado el límite máximo en los efluentes de 0.2 mg/litro para agua potable, en Alemania y Suiza él límite fijado es de 0.01mg/litro y en lo que respecta México la SEMARNAT ha fijado el límite de cianuro en 0.2 mg/l[4]. Debido a estas consideraciones la recuperación o destrucción de cianuro es un paso necesario del procesamiento. Para reducir los niveles de cianuro enviados a los efluentes, se han desarrollado varios procesos en su tratamiento. Todos estos métodos están basados en la recuperación de cianuro por acidificación o destrucción por oxidación química, estos procesos tienen varias desventajas, por ejemplo los reactivos de oxidación son caros y se tiene que pagar el derecho de patente[5].

Debido a estos factores, la técnica de oxidación fotocatalítica con dióxido de titanio es una de las formas innovadoras para el tratamiento de aguas contaminadas con cianuro. Sin embargo, esta técnica tiene una desventaja para su aplicación industrial: la separación de las nanopartículas de dióxido de titanio después de la degradación fotocatalítica del cianuro es difícil debido a la fineza de las partículas de titanio y por lo tanto, no se ha tenido mucho avance en el reuso del dióxido de titanio, para el tratamiento de aguas contaminadas con cianuro. Para subsanar este punto, se usó la técnica de la electrocoagulación para recuperar el dióxido de titanio de la suspensión acuosa.

Otro problema importante es la contaminación de suelos y mantos acuíferos por arsénico, como es el caso de Torreón Coahuila y otras partes de México[6], como resultado de la producción metalúrgica e industrial. Un estudio realizado en la Universidad de Cincinnati, revela la existencia de arsénico, cadmio y plomo en el suelo de las áreas cercanas a fundiciones de plomo y zinc, en concentraciones que rebasan los niveles permitidos nacional e internacionalmente. Debido a lo anterior, en este estudio vamos a utilizar el proceso de Electrocoagulación para remover el arsénico de aguas contaminadas.

Aunque el proceso de EC es conocido tecnológicamente, a la fecha, en ninguna parte del mundo se ha caracterizado y analizado cinética y termodinámicamente, tampoco se aplica a escala industrial para la recuperación de TiO_2, ya que aún se desconocen totalmente los mecanismos y principios fundamentales en que se basa este método, tanto en la recuperación de partículas de TiO_2 como en la remoción de arsénico de las aguas contaminadas. Por lo tanto es necesario un estudio fundamental que permita determinar el mecanismo Cinético y Termodinámico de la adsorción de las nanopartículas de TiO_2 y los iones de arsénico en las especies de magnetita y goetita, etc. que se generan en los electrodos de fierro en el reactor de EC, para esto se utilizará la ecuación de Langmuir-Hinshelwood para caracterizar dicho mecanismo.

II. ESTADO DEL CAMPO O DEL ARTE

Para el desarrollo de este tema es necesario primeramente analizar los principios químicos y físicos de los contaminantes del agua. Posteriormente ver que técnicas se han utilizado con éxito y después del análisis, proponer una técnica nueva con su respectiva descripción.

2.1 Descripción del contaminante (cianuro)

El cianuro (CN^-) es un anión que contiene carbono y nitrógeno unidos por un enlace triple, es capaz de reaccionar con facilidad, inclusive en muy bajas concentraciones, con metales pesados, es una sustancia altamente tóxica que puede absorberse por lo tejidos con facilidad y es una de las sustancias peligrosas más reguladas en las descargas al ambiente por ser considerada como una sustancia de desecho peligrosa Clase – P por la RCRA (Resource Conservation and Recovery Act)[7].

Las principales formas del cianuro son el cianuro de hidrógeno (HCN), el cianuro de sodio (NaCN) y el cianuro de potasio (KCN). El cianuro puede encontrarse como un gas incoloro (HCN y ClCN) ó en forma de cristales (NaCN y KCN).

Los compuestos de cianuro en los cuales puede obtenerse como CN^- son clasificados como cianuros simples y cianuros complejos. Los simples son representados por la fórmula $A(CN)_x$, donde A es un elemento alcalino (sodio, potasio, amonio) o un metal, y x, la valencia de A, es el número de grupos CN[8]. En soluciones acuosas de cianuros alcalinos simples, el grupo CN está presente como CN^- y HCN molecular, la proporción depende del pH y la constante de disociación para el HCN molecular (pka $\approx$ 9.2) (Figura 2.1). En la mayoría de las aguas naturales predomina el HCN. En soluciones de cianuros metálicos simples el grupo CN puede aparecer también en la forma de complejos aniónicos metal cianuro de estabilidad variable. La mayoría de estos complejos simples son escasamente solubles o casi insolubles (CuCN, AgCN, $Zn(CN)_2$), pero estos, en presencia de cianuros alcalinos forman un variedad de complejos metal-cianuro altamente solubles[8]. Los cianuros metálicos alcalinos normalmente pueden ser representados por $A_yM(CN)_x$. A representa el elemento alcalino presente, y el número de veces que aparece el elemento alcalino, M el metal pesado y x el número de grupos CN. La disociación inicial de cada uno de estos complejos de cianuro solubles producen un anión que es el radical $M(CN)_{xy}$. Este puede disociar más adelante dependiendo de muchos factores, con la liberación de CN⁻ y la consecuente formación de HCN[8].

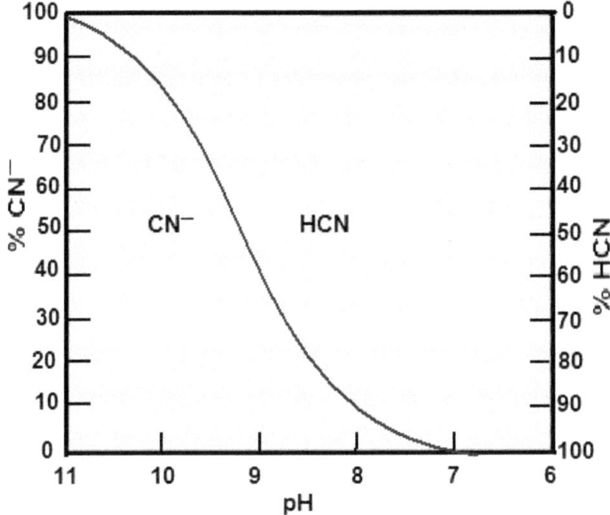

Figura 2.1. Equilibrio de pH entre CN⁻/HCN[8].

2.2 Toxicidad

La presencia de cianuros libres y complejos de cianuro, en corrientes líquidas residuales industriales, es un problema de mayor importancia debido a la conocida toxicidad de estas especies para los organismos vivos, inclusive a valores de concentraciones muy bajas[9]. La toxicidad del cianuro libre es menor que la del HCN, el cual se forma por la hidrólisis del cianuro y es un riesgo potencial para la vida acuática debido a que la mayoría de los cuerpos de agua donde se disponen las corrientes residuales presentan un pH menor al pKa del HCN molecular (<9.2), causando que el cianuro en la mayoría de los vertimientos se convierta en su forma más tóxica[10].

En todas las células procariotas o eucariotas (de bacterias, hongos, plantas, animales, incluido el hombre) una función vital es la respiración. Una de las moléculas indispensables para esta función es la Citocromo-C oxidasa, que posee en el centro de su compleja estructura un átomo de hierro (Fe). Cuando el cianuro entra en las células "captura" el Fe y la enzima deja de ser funcional. La consecuencia es que la célula deja de "respirar" y muere[11].

La exposición a 300 ppm de cianuro de hidrógeno puede ser fatal en tan solo minutos. La ingestión o absorción a través de heridas de 100 a 250 mg de NaCN o KCN también puede llegar a ser fatal[10]. El cianuro se describe con un olor a "almendras amargas", pero no siempre emana un olor y no todas las personas pueden detectarlo[11]. En grandes cantidades el cianuro resulta ser muy nocivo para las personas. Exposiciones a altos niveles de cianuro en el aire por un período corto de tiempo se pueden derivar en daños cerebrales, del corazón, coma e inclusive la muerte. La exposición a bajos niveles de cianuro por largos períodos de tiempo se deriva en dificultades para respirar, ataques al corazón, vómito, convulsiones, cambios en la sangre, dolores de cabeza y agrandamiento de la glándula tiroide[11].

2.3 El proceso de cianuración

El método tradicional para recuperar plata y oro es el de cianuración (figura 2.2), en el cual se generan efluentes con cianuro que son peligrosos para el medio ambiente.

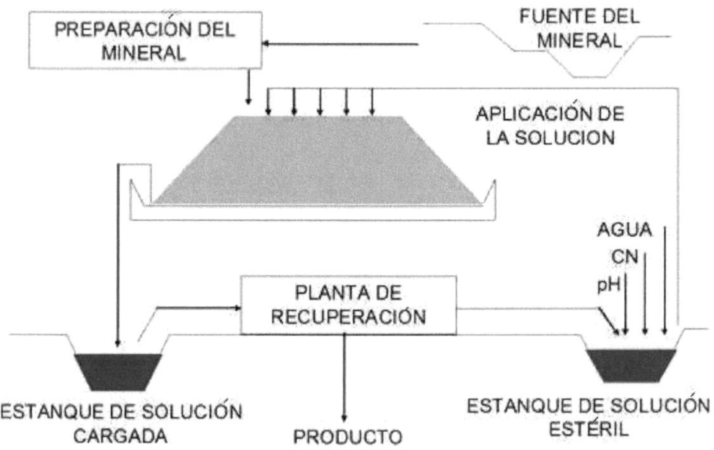

Figura 2.2 Diagrama de flujo del proceso de cianuración en montones[12].

En la industria extractiva, este método de recuperación de metales preciosos se lleva a cabo utilizando una solución de cianuro de 0.03-0.3 % de NaCN con un pH superior a 10 para evitar la formación de HCN y también necesita de una eficiente aeración para tener en la pulpa una concentración de oxígeno superior a 7 mg/litro. La reacción química para la disolución de oro y plata utilizando las condiciones antes mencionadas, se puede expresar con la ecuación de Elsner:

$$4Au + 8CN^- + O_2 + 4H_2O = 4[Au(CN^-)_2] + 4OH^- \qquad (2.1)$$

Esta se lleva a cabo por el siguiente mecanismo:

$$Au^+ + 2\,CN^- = Au(CN)_2^- + e^- \qquad (2.2)$$

$$O_2 + 2\,H_2O + 2\,e^- = 2\,OH^- + H_2O_2 \qquad (2.3)$$

$$H_2O_2 + 2\,e^- = 2\,OH^- \tag{2.4}$$

En este mecanismo electroquímico el ión cianuro se acompleja con el oro, y el oxigeno actúa como oxidante (2.1) La reacción con plata es similar. Sin embargo, la asociación de la plata con el ión cianuro es más débil que la del oro y la disolución de la plata requiere mayor tiempo de contacto[13].

Después de la extracción y recuperación del oro y la plata, grandes cantidades de cianuro son desechadas en los efluentes creando problemas ambientales debido a la peligrosidad del cianuro. En los efluentes industriales el cianuro existe en tres formas: cianuro libre como HCN; cianuro simple como NaCN; cianuro acomplejado como $Fe(CN)_6^{-3}$, $Ni(CN)_4^{-2}$, $Zn(CN)_4^{-2}$ y $Cu(CN)_4^{-2}$. El cianuro total es la suma del cianuro simple, libre y el cianuro acomplejado donde no se toma en cuenta otros ligandos como el cianato y el tiocianato[13].

Debido al gran número de industrias que utilizan cianuro en sus procesos, especialmente la minero metalúrgica que emplea grandes cantidades de este reactivo, es de suma importancia establecer en los efluentes métodos de tratamiento de recuperación o eliminación de cianuro con la finalidad de operar el proceso en forma económica y segura.

En Estados Unidos la agencia del medio ambiente EPA ha fijado el límite máximo en los efluentes de 0.2 mg/litro, en Alemania y Suiza el límite fijado es de 0.01mg/litro y en lo que respecta a México la SEMARNAT ha fijado el límite de cianuro en 0.2 mg/litro[14]. Debido a estas consideraciones, es de suma importancia desarrollar tecnología más eficiente para la recuperación de cianuro o definitivamente la eliminación según sea la concentración total del cianuro en el efluente.

Existen dos formas de tratar estas descargas al ambiente, bien sea por métodos tradicionales de separación, o bien sea por métodos de remediación. Los métodos tradicionales de separación, básicamente transfieren la sustancia tóxica de una corriente a otra por lo cual el problema de fondo persiste. Los métodos de remediación buscan por su parte degradar estas sustancias y transformarlas en otras no tóxicas o menos tóxicas. Actualmente existen muchos procesos de remediación de cianuro, la mayoría de ellos no tratan todos los derivados o complejos formados por el cianuro, son muy costosos o requieren tratamientos adicionales posteriores.

2.4 Métodos de oxidación convencionales para la eliminación de cianuro

En los procesos de oxidación convencionales se utilizan generalmente reactivos como cloro, ozono, hipocloritos, permanganatos, peróxido, y algunas combinaciones de éstos. En ellos el contaminante orgánico es transformado por la acción oxidante de estos compuestos, algunas veces hasta productos inocuos como CO_2 y H_2O. Estos métodos son generalmente costosos por la demanda de reactivos y en algunos casos se tiene que pagar el derecho de patente[15], su posterior separación de las aguas y el control del proceso exige particular cuidado para la manipulación de los mismos.

De los anteriores métodos mencionados, ninguno logra una remoción óptima, es decir, altos niveles de pureza del efluente con bajos consumos de insumos químicos y/o energía, por ello la investigación tecnológica a nivel mundial en los últimos años, ha propuesto la destoxificación por procesos de oxidación avanzados como una alternativa eficiente[16].

2.4.1 Clorinación alcalina

La clorinación alcalina es uno de los métodos más usados para la destrucción de cianuro. Se usa principalmente en las áreas de depositación de metales y en la industria acerera. El principio de la clorinación alcalina es la oxidación de cianuro a cianato; los reactivos que se usan son cloro gaseoso (Cl_2), hipoclorito de sodio (NaClO) o de calcio ($Ca(ClO)_2$) . La oxidación del cianuro con cloro se lleva a cabo con las siguientes reacciones[17]:

1ra etapa:

$$CN^- + Cl_2 = CNCl + Cl^- \tag{2.5}$$

$$CNCl + 2NaOH = NaCNO + H_2O + NaCl \tag{2.6}$$

2da etapa:

$$2NaCNO + 4NaOH + 3Cl_2 = 2CO_2 + N_2 + 6NaCl + 2H_2O \tag{2.7}$$

En general, la clorinación alcalina se constituye como un método de destrucción potente, incluso neutralizando los complejos cianometálicos (a excepción de los ferrocianuros). Su principal desventaja la constituye el hecho que los compuestos de cloro tienen carga tóxica y los reactivos usados son costosos.

2.4.2 Ozonización

El ozono (O_3) requerido para este proceso de oxidación es generado eléctricamente a partir de aire u oxígeno. El uso de oxígeno tiene la ventaja de proporcionar el doble de concentración de ozono con respecto al uso de aire, con un requerimiento de la mitad de la potencia necesaria para el aire, además proporciona una contribución adicional a la oxidación de cianuro debido a la mayor concentración de oxígeno. Las reacciones en este proceso son las siguientes[17]:

$$CN^- + O_3 = CNO^- + O_2 \quad \text{(rápida)} \tag{2.8}$$

$$CNO^- + O_3 + 2H_2O = NH_3 + HCO_3^- + 1.5O_2 \quad \text{(lenta)} \tag{2.9}$$

Su principal desventaja es el costo del equipo para producir ozono.

2.4.3 INCO (dióxido de azufre)

El proceso INCO (International Nickel Company) para la remoción de cianuro a partir de efluentes de desechos industriales fue patentado por G.J. Borboly en 1984[17].

El proceso usa SO_2 gaseoso (o soluciones de sulfito de sodio, Na_2SO_3 o $Na_2S_2O_5$) en combinación con aire como oxidante y cal para el control del pH. Se usa cobre (como Cu^{+2}) en la solución como catalizador para la oxidación del cianuro. Este proceso es el de mayor aplicación industrial. La oxidación del cianuro se lleva a cabo con la siguiente reacción global[17]:

$$CN^- + SO_2 + O_2 + H_2O = CNO^- + H_2SO_4 \qquad (2.10)$$

El requerimiento de SO_2 es de 2.47 g de SO_2 por gramo de CN^-, los niveles óptimos de pH están entre 9 y 10. Las principales desventajas de este proceso es el pago de derechos de patente, adiciona sulfatos, y la disposición adecuada de ferrocianuros, sí precipitan.

2.4.4 Oxidación con peróxido de hidrógeno (H_2O_2)

El peróxido de hidrógeno es un agente oxidante usado en el tratamiento de efluentes orgánicos, sulfuros y cianuros. Existen dos procesos que emplean peróxido para la destrucción del cianuro, los cuales trabajan en condiciones alcalinas ($8 < pH <= 12$)[17]:

1) Con catalizador de cobre:

$$CN^- + H_2O_2 \xrightarrow{\;Cu^{++}\;} CNO^- + H_2O \qquad (2.11)$$

$$CNO^- + 2H_2O \xrightarrow{pH<7} NH_4^+ + CO_3^{-2} \qquad (2.12)$$

2) Proceso Dupont-Keastone:

$$HCN + HCHO \xrightarrow{pH=11,Cu} HOCH_2CN \qquad (2.13)$$
$$\text{(glicolonitrilo)}$$

$$HOCH_2CN + H_2O_2 \xrightarrow{pH=11} 3NH_35HCNO5H_2C(OH)CONH_2 \qquad (2.14)$$
$$\text{(Amida ácida glicolica)}$$

El segundo proceso emplea una formulación patentada conteniendo 41 % de H_2O_2 con trazas de catalizador y estabilizadores llamados "Compuestos Peroxígeno" y 2 a 3 partes de solución al 37 % de formaldehido por cada parte de cianuro de sodio y son agitados por una hora. La elevada temperatura requerida para que la reacción sea rápida hace impractico este proceso para tratar grandes volúmenes.

2.5 Tecnologías o procesos avanzados de oxidación (TAO,PAO) para destruir el cianuro

Las TAOs[18-22] se basan en procesos fisicoquímicos capaces de producir cambios profundos en la estructura química de los contaminantes. El concepto fue inicialmente establecido por Glaze y colaboradores[19,23,24], quienes definieron los PAO como procesos que involucran la generación y uso de especies transitorias poderosas, principalmente el radical hidroxilo (OH^-). Este radical puede ser generado por medios fotoquímicos (incluida la luz solar) o por otras formas de energía, y posee alta efectividad para la oxidación de materia orgánica. Algunas TAO, como la fotocatálisis heterogénea, la radiólisis y otras técnicas avanzadas, recurren además a reductores químicos que permiten realizar transformaciones en contaminantes tóxicos poco susceptibles a la oxidación, como iones metálicos o compuestos halogenados[25].

2.5.1. Fotocatálisis heterogénea

La fotocatálisis heterogénea[26] es un proceso que se basa en la absorción de fotones de luz directa o indirecta por un sólido, que es un semiconductor, (fotocatalizador heterogéneo, que normalmente es un semiconductor de banda ancha) visible o UV, con energía suficiente, igual o superior a la energía del gap del semiconductor, Egap. La fotocatálisis puede ser definida como la aceleración de una fotoreacción mediante la presencia de un catalizador. El catalizador activado por la absorción de luz, acelera el proceso interaccionando con el reactivo a través de un estado excitado (C *) o bien mediante la aparición de pares electrón – hueco, si el catalizador es un semiconductor (e⁻ - h +). En este último caso los electrones excitados son transferidos hacia la especie reducible, a la vez que el catalizador acepta electrones de la especie oxidable que ocupará los huecos; de esta manera el flujo neto de electrones será nulo y el catalizador permanecerá inalterado[27].

Dentro de la fotocatálisis se tienen dos tipos de técnicas: Procesos heterogéneos, los cuales son mediados por un semiconductor como catalizador y los procesos homogéneos o procesos mediados por compuestos férricos, en donde el sistema es usado en una sola fase. La especie que absorbe fotones (C) es activada y acelera el proceso interactuando con las otras especies en su nuevo estado de excitación (C*). En el caso de los procesos heterogéneos, la interacción de un fotón produce la aparición de un electrón – hueco (e- y h+), y el catalizador usado será un semiconductor. En este caso los electrones excitados son transferidos a la especie reductora (Ox1) al mismo tiempo que el catalizador acepta electrones de la especie oxidable (Red2) la cual ocupa los espacios huecos[27].

2.5.1.1 Propiedades del dióxido de titanio

El TiO_2 es un compuesto semiconductor del tipo-N, tiene 3 tipos de estructuras: anatasa, rutilo y brookita, anatasa y rutilo son los más usados en las reacciones foto catalíticas, la fase de anatasa muestra una mayor actividad[28]. Las propiedades básicas de la anatasa y rutilo se muestran en la tabla 2.1.

Tabla 2.1. Propiedades de anatasa y rutilo estructuras de TiO_2[29].

	Rutilo	Anatasa
Estructura cristalina	Cúbica	cúbica
Gravedad especifica	4.2	3.9
Dureza (escala de Mohs)	6.0-7.0	5.5-6.6
Coeficiente dieléctrico (debye)	114	31
Índice de refracción	2.71	2.52
Gap de energía (eV)	3.0	3.2
Punto de fusión	1858	Transforma a rutilo a 600º

Las estructuras de la anatasa y del rutilo de TiO_2 se pueden describir en términos de cadenas de TiO_6 octaédrico. Las estructuras de las celdas unitarias de los cristales del rutilo y de la anatasa se muestran en las figuras 2.3 y 2.4, cada ión de Ti^{+4} está rodeado de un octaedro de seis iones de O^{-2}. El octaedro en la anatasa es más distorsionado que en el rutilo, por lo tanto, la simetría de la anatasa es más baja que la ortorrómbica. La distancia entre dos átomos de Ti en la anatasa son mayores (3.79 Å y 3.04 Å vs. 3.57 y 2.96 Å en el rutilo) y las distancias de Ti-O son más cortas en la anatasa que en el rutilo (1.934 y 1.980 Å vs. 1.949 y 1.980 Å en el rutilo). Cada octaedro en la estructura de la anatasa es conectada con ocho octaedros vecinos, en la estructura de rutilo, hay diez octaedros vecinos[29].

Las diferencias antes citadas causan diferentes gravedades específicas y estructuras de banda electrónica entre los dos tipos de TiO_2. El mayor gap de energía de la anatasa (3.2 eV) proporciona una mejor capacidad de oxidación, por lo tanto la estructura de la anatasa es más comúnmente usada en la fotocatálisis.

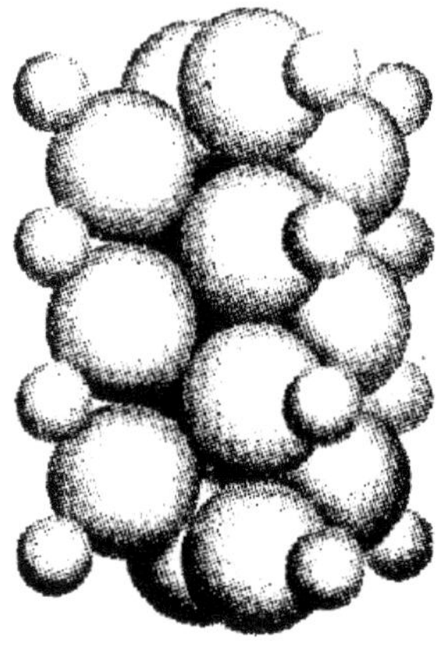

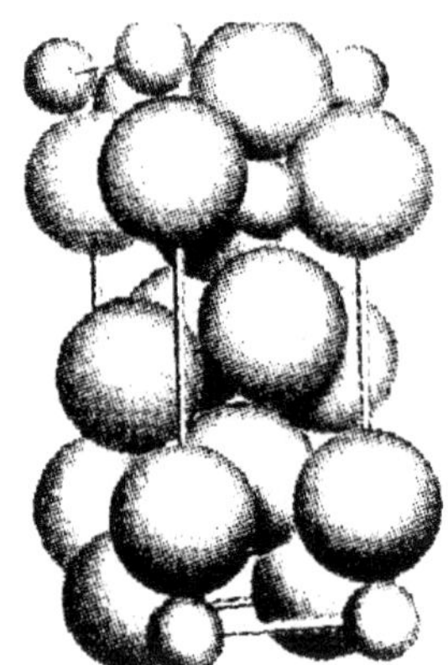

Figura 2.3 Rutilo[29].   Figura 2.4 Anatasa[29].

2.5.2 Tecnología de fotocatálisis

El mecanismo de fotocatálisis se lleva a cabo cuando las nanopartículas de TiO_2 son iluminadas con rayos ultravioleta (UV), en los cuales los fotones UV excitan la banda que contiene los electrones de valencia y estos cruzan la banda de conducción, dejando espacios (h) en la banda de valencia. Por ejemplo si el semiconductor (TiO_2) está en un medio acuoso, los espacios reaccionarán con las moléculas de agua (H_2O) produciendo radicales hidroxílicos (OH^-), extremadamente oxidantes y capaces de oxidar el cianuro a cianato (CNO^-)[29]. La Figura 2.5 ilustra el diagrama de energía y el proceso foto catalítico en una partícula de TiO_2.

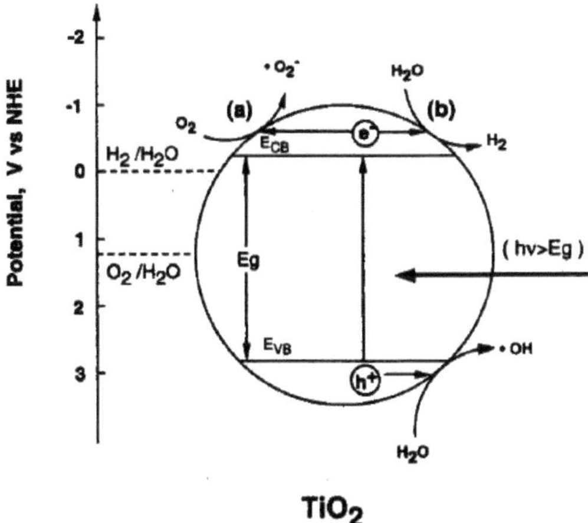

Figura 2.5 Ilustración esquemática de la correlación de energía y el mecanismo redox en la superficie de TiO₂ (a) con y (b) sin la presencia de oxígeno[30].

Augugliaro[30] reporta que en un medio acuoso con cianuro, el primer producto de la oxidación fotocatalítica utilizando nanocristales de TiO_2 es el CNO^-, la reacción química que representa este proceso de oxidación es la siguiente:

Formación de espacios con luz ultravioleta (luz solar ó fuente artificial);

$$TiO_2 + hv = h^+ + e^- \tag{2.15}$$

Reacción de los espacios de la banda de Valencia (h) con el ión cianuro:

$$CN^- + 2\,h^+ + 2\,OH^- = CNO^- + H_2O \tag{2.16}$$

Una vez lograda esta conversión, el CNO^- se oxida completamente y los productos finales son principalmente CO_2 y NO_3^- :

$$CNO^- + 4O_2 + 2OH^- + 3H_2O = CO_3^- + NO_3^- + 4H_2O_2 + e^- \tag{2.17}$$

Finalmente la reducción de oxígeno consume los electrones generados por la reacción (2.17) de acuerdo a esta reacción química:

$$O_2 + 2e^- + 2\,H_2O \;=\; H_2O_2 + 2\,OH^- \tag{2.18}$$

En otro estudio realizado para la degradación fotocatalítica de ferrocianuro[31] se determina que la banda de absorción del TiO_2 es de 350 nm y la degradación de este complejo se llevó a cabo en un tiempo de 10 horas en un rango de pH entre 8-10 con eficiencias de destrucción superiores al 85%.

Esta tecnología no se ha aplicado con éxito a nivel industrial debido al costo del TiO_2. Este problema se resuelve recuperando y reciclando los microeléctrodos de TiO_2. Sin embargo, las técnicas de filtración actuales han resultado muy deficientes para recuperar las partículas nanométricas de TiO_2 y después poderlas reciclar al proceso foto catalítico de destrucción de cianuro.

Para superar con éxito esta deficiencia, se utilizó el proceso de Electrocoagulación para la recuperación de las nanopartículas de TiO_2 y posteriormente reciclarlas al proceso de destrucción de cianuro. Para separar las partículas de TiO_2 de los hidróxidos de fierro se usa la lixiviación con ácido sulfúrico mediante la siguiente reacción:

$$[Fe(OH)_2.TiO_2] + H_2SO_4 \;=\; FeSO_4 + 2H_2O + TiO_2 \tag{2.19}$$

2.5.3 Investigaciones recientes de la fotocatálisis

La oxidación fotocatalítica del cianuro ha sido propuesta como una opción viable para el tratamiento del cianuro[32] y una alternativa para los métodos químicos convencionales. Otros autores reportaron fotodegradación de cianuro en aguas residuales industriales usando TiO_2 como catalizador[33] y examinaron cuantitativamente la evolución del CO_2, consumo de O_2, la evolución de N_2 y la formación del ión intermedio CNO⁻. También la oxidación fotocatalítica del cianuro usando como catalizador Degussa P-25 la investigaron otros autores[33] donde confirmaron que el cianuro es primero oxidado a cianato y posteriormente a nitrito y a nitrato.

En este estudio se examinó la actividad catalítica de Degussa P-25 y TiO_2 (rutilo). La irradiación se llevo a cabo a escala laboratorio, la solución de CN⁻ de 500 ppm fue fotodegradada usando TiO_2 en un medio alcalino con un pH inicial de 12. A continuación se revisó también el efecto de diferentes cantidades de TiO_2 para 500 ppm de solución. En la tabla 2.2 se muestran una comparación de diferentes artículos donde se utiliza la oxidación de cianuro usando el método de fotocatálisis.

Tabla 2.2 Comparación de resultados obtenidos en la oxidación de cianuro usando fotocatálisis heterogénea.

Referencia de Articulo	Condiciones de Operación	% Reducción CN⁻
[34]	0.15 g/L TiO_2 400 ppm CN inicial lámparas de xenón de 450 W Soluciones de KCN de 0.1 M Tiempo 30 min. con lámparas de xenón y 2 días con luz solar Anatasa dopada y sin dopar	84 % con lámpara de xenón 30 min. exposición 99% con luz solar y 2 días de exposición
[35]	0.25 g/L de TiO_2, 200 ppm CN inicial potencia de radiación 150 W peróxido de hidrógeno (al 30% en agua m/m) pH 9.5,	85 % Con tiempo de recirculación de 2 hrs. 97% Recirculación 4 hrs. y reinyectando H_2O_2
[36]	0.40 g/L TiO_2 20 g de CN por Kwh. de energía solar suministrada Tecnología solar basada en CPCS	Degradación completa
[37]	25 mg/L TiO_2 100 ppm CN inicial 120 min. exposición con luz UV pH= 10.5	95 % después de 8hrs exposición solar 99 % después de 2 hrs. luz UV
[38]	0.50 g/L TiO_2 100 mg/dm³ CN inicial 1 hr de tiempo de exposición con UV pH = 12	97 % para anatasa suspendida 75 % con anatasa soportada

Como se podrá analizar en esta tabla la principal limitante para el uso de este método de oxidación ha sido la recuperación de las nanopartículas de TiO_2, ya que por su extrema finura no pueden ser eficientemente recuperados por métodos normales de filtración, por lo tanto para remediar este punto débil en esta tecnología se usó en este estudio la tecnología de electrocoagulación para recuperar de forma más eficiente las partículas de TiO_2 y reciclarlas a la tecnología de la foto degradación para la destrucción de cianuro.

2.6 Eliminación de arsénico de efluentes industriales

2.6.1 El arsénico

El arsénico se encuentra en muchas formas alotrópicas y tiene propiedades a la vez metálicas y no metálicas. El arsénico se presenta en forma natural en rocas sedimentarias y volcánicas (forma el 0.00005 % de la corteza terrestre) y también en aguas geotermales[39]. En la naturaleza se presenta con mayor frecuencia en forma de sulfuro de arsénico (As_2S_3) y arsenopirita (FeAsS), encontrándose estos, generalmente, como impurezas en depósitos mineros. Las propiedades químicas del arsénico se muestran en la tabla 2.3.

Tabla 2.3 Propiedades químicas del arsénico[39].

Símbolo	As
Clasificación	Elemento nitrogenoide, grupo 15, metaloide
Número atómico	33
Números de oxidación	-3,0,+3,+5
Isótopos	1 isótopo natural (As^{75}) 32 inestables (vida media oscila entre 0.09577 seg. As^{66} y 80.3 días, As^{73}

2.6.2 El Arsénico en el agua

En el agua (aguas superficiales y subterráneas) el arsénico comúnmente se encuentra en estado de oxidación +5 (arsenato) y +3 (arsenito). En aguas superficiales con alto contenido de oxígeno, la especie más común es el arsénico pentavalente o arsenato (As^{+5}). Bajo condiciones de reducción, generalmente en los sedimentos de los lagos o aguas subterráneas, predomina el arsénico trivalente o arsenito (As^{+3})[39].

El arsenito se encuentra en solución como H_3AsO_3, $H_2AsO_3^-$, AsO_4 y $H_2AsO_4^2$, en aguas naturales con pH entre 5 y 9. El arsenato se encuentra en forma estable en aguas con altos niveles de oxígeno como H_3AsO_4 en un rango de pH de 2 a 13. La conversión de As^{+3} a As^{+5} o As^{+5} a As^{+3} es bastante lento. Los compuestos reducidos de As^{+3} pueden encontrarse en medios oxidados y los compuestos oxidados de As^{+5} en medios reducidos[40].

2.6.3 Toxicidad

La toxicidad del arsénico depende del estado de oxidación, estructura química y solubilidad en el medio biológico. La escala de toxicidad del arsénico decrece en el siguiente orden:

Arsina o hidruro de hidrógeno (AsH3) > As^{+3} inorgánico > As^{+3} orgánico > As^{+5} inorgánico > As^{+5} orgánico > compuestos arsenicales y arsénico elemental[40].

La toxicidad del As^{+3} es 10 veces mayor que la del As^{+5} y la dosis letal para adultos es de 1- 4 mg As/Kg por persona . La Agencia de Protección Ambiental de los Estados Unidos de Norte América, USEPA, clasifica al arsénico como cancerígeno en el grupo A debido a la evidencia de sus efectos adversos sobre la salud. La exposición a 0.05 ppm puede causar 31.33 casos de cáncer de la piel por cada 1 000 habitantes y ha considerado bajar el límite máximo de aceptación de 0.050 ppm, al de 0.010 – 0.020 ppm. El Centro Internacional de Investigaciones sobre cáncer lo ha clasificado en el grupo I porque tienen pruebas suficientes de la carcinogenicidad para seres humanos[41].

La eliminación natural del organismo humano es por vía urinaria, heces, sudor y epitelio de la piel (descamación)[41]. Algunos estudios de toxicidad del arsénico indican que muchas de las normas actuales basadas en las guías de la OMS son muy altas, y plantean la necesidad de reevaluar los valores límites basándose en estudios epidemiológicos; por ejemplo, en Taiwán estiman que el límite se debe reducir de 0,02 hasta 0,0005 ppm, en otros casos al parecer deberían aumentarse dichos valores, de acuerdo a las condiciones regionales. En América Latina ha podido apreciarse que a niveles similares de arsénico en diferentes condiciones (climatológicas, de nutrición y otros) el nivel de afectación es diferente[42].

2.6.4 Métodos de eliminación de Arsénico de Efluentes Industriales

En los últimos 50 años la contaminación del ambiente se ha visto seriamente afectada por la emisión de metales pesados (As, Pb, Cr, Hg., etc.). En el caso de efluentes líquidos, el control de estos contaminantes se ha llevado a cabo empleando la tecnología convencional del aire a presión (columnas de burbujas, camas empacadas y celda de flotación), procesos de precipitación, cementación, procesos de extracción por solventes y procesos que utilizan resinas selectivas cuya tecnología requiere altos costos de inversión y gran espacio de instalación la cual no la hace muy atractiva, además de dependencia y pago de regalías por concepto de patente de tecnología extranjera. En la tabla 2.4 se tienen diferentes tecnologías que actualmente se utilizan para el tratamiento de aguas contaminadas con arsénico.

De estos procesos el método más económico y recomendado para eliminar metales pesados, como el arsénico de los efluentes líquidos, es la precipitación química; proceso a través del cual las especies metálicas de una fase soluble (generalmente el residuo iónico de arsénico), se eliminan de la solución reaccionando con un agente precipitante que se adiciona originando un componente insoluble.

Tabla 2.4. Tecnologías empleadas para la eliminación de arsénico del agua[45].

Tecnología	Ventajas	Desventajas	Eliminación
Oxidación-Precipitación.			
Con aire.	Tecnología simple y de bajo costo.	Proceso lento.	80%
Química.	Proceso relativamente simple y rápido.	Control específico de pH en c/tanque.	90%
Coagulación-Precipitación.			
Coagulación con Alúmina.	Operación simple y de bajo costo.	Produce lodos tóxicos.	90%
Coagulación con Fierro .	Más eficiente que la alúmina.	Requiere de tanques grandes.	95%
Precipitación con cal.	Utiliza sustancias químicas comunes.	Requiere ajuste de pH en c/tanque.	91%
Tecnologías de adsorción.			
Alúmina activada.	Tecnología comercialmente disponible.	Reemplazo después de 4-5 regeneraciones.	88%
Fierro mezclado con arena.	Reactivo barato.	Produce desechos tóxicos.	93%
Resinas de Intercambio Iónico.	Proceso menos dependiente del pH del agua.	Requiere de alta tecnología de operación y mantenimiento.	92%
Procesos de Membranas.			
Nanofiltración.	Alta eficiencia de eliminación.	Alto costo de capital.	95%
Osmosis Inversa.	Alta eficiencia de eliminación.	Requiere de personal especializado.	96%
Electrodiálisis.	Alta eficiencia de eliminación.	Produce agua residual tóxica.	95%

En este componente sólido originado, se captura al metal contaminante. Los metales precipitan a variados niveles de pH, dependiendo del ión metálico y formando una sal insoluble. Posteriormente, el precipitado puede separarse del agua residual utilizando algún proceso de separación física como sedimentación o filtración; Sin embargo, las eficiencias de eliminación de arsénico con estos procesos de eliminación son inferiores al 85%[43].

Debido a lo anterior se uso el proceso electroquímico de Electrocoagulación el cual no requiere de la adición de productos químicos para la eliminación del arsénico y lo más importante es un proceso rápido, compacto y que no genera sub-productos contaminantes[44].

2.7 Tecnología de electrocoagulación

El principio de electrocoagulación se basa en la coagulación entre los cationes polivalentes formados por la oxidación electrolítica de los ánodos de hierro y aluminio, y los contaminantes o compuestos del medio acuoso, como el TiO_2. En este proceso, el movimiento electroforético tiende a concentrar las partículas cargadas negativamente en la región del ánodo y los iones cargados positivamente en la región del cátodo.

Por consiguiente, los iones liberados por los electrodos, neutralizan las partículas cargadas con cargas opuestas facilitando con esto la coagulación de las especies resultantes; Debido a la generación simultánea de gases durante la electrólisis (producción de H_2 y O_2), sucede la flotación del aglomerado o coágulo que contiene el TiO_2, eliminando o recuperando dichas especies del efluente[8]. A diferencia de la coagulación química es el origen del coagulante, ya que, en la electrocoagulación el catión proviene de la disolución del ánodo metálico, ya sea, fierro o aluminio.

La Electrocoagulación es un proceso utilizado frecuentemente durante la última década en Estados Unidos y Europa para el tratamiento de efluentes de la industria con substancias tóxicas[44]. Esta tecnología es empleada en la industria textil para remoción de colores de los efluentes[46], tratamiento de aceites[47], eliminación de grasas de los restaurantes[48], eliminación de partículas suspendidas de los efluentes[49] y también para el tratamiento de metales tóxicos de los efluentes industriales[50]. En la mayoría de estos estudios, los parámetros utilizados se han determinado empíricamente y carecen de un fundamento químico y físico del proceso. Por tal motivo, es necesario llevar a cabo un estudio básico que permita comprender los mecanismos fundamentales del proceso de Electrocoagulación.

2.7.1 Reacciones en el proceso de electrocoagulación

El mecanismo de la electrocoagulación es altamente dependiente de la química del medio acuoso, especialmente de la conductividad. Otros factores como el pH, tamaño de partícula y concentración de los reactivos químicos también influyen en el proceso. La remoción de iones por EC se puede explicar mediante las siguientes reacciones generales[51].

En el electrodo de aluminio, este se disuelve electrolíticamente para producir especies catiónicas monoméricas, como Al^{3+} y $Al(OH)_2$, de acuerdo a las siguientes reacciones:

$$Al \rightarrow Al^{3+}(aq) + 3e^- \tag{2.20}$$

$$Al^{3+}(aq) + 3H_2O \rightarrow Al(OH)_3 + 3H^+(aq) \tag{2.21}$$

$$n\,Al(OH)_3 \rightarrow Al(OH)_3 \tag{2.22}$$

Sin embargo, dependiendo del pH del medio acuoso, otras especies pueden estar presentes en el sistema, tales como $Al(OH)^{2+}$, $Al_2(OH)_2^{4+}$ y $Al(OH)_4^-$. Bajo condiciones apropiadas, se pueden formar especies de multimeros de hidróxidos de aluminio cuyos complejos catiónicos gelatinosos pueden remover contaminantes por adsorción, para producir una neutralización de sus cargas y formar un precipitado[51].

En el ánodo de fierro, la oxidación de este en un sistema electrolítico produce hidróxido de fierro, $Fe(OH)_n$, donde $n = 2$ o 3. Se han propuesto dos mecanismos para la producción de este compuesto por medio del proceso EC:

Mecanismo 1

Ánodo:

$$4Fe_{(s)} \rightarrow 4Fe^{+2}_{+(aq)} + 8e^- \qquad (2.23)$$

$$4Fe^{2+}_{(aq)} + 10H_2O_{(l)} + O_{2(g)} \rightarrow 4Fe(OH)_{3(s)} + 8H^+_{(aq)} \qquad (2.24)$$

Cátodo:
$$8H^+_{(aq)} + 8e^- \rightarrow 4H_{2(g)} \qquad (2.25)$$

Global:
$$4Fe_{(s)} + 10H_2O_{(l)} + O_{2(g)} \rightarrow 4Fe(OH)_{3(s)} + 4H_{2(g)} \qquad (2.26)$$

Mecanismo 2

Ánodo:
$$Fe_{(s)} \rightarrow Fe^{2+}_{+(aq)} + 2e^- \qquad (2.27)$$

$$Fe^{2+}_{(aq)} + 2OH^-_{(aq)} \rightarrow Fe(OH)_{2(s)} \qquad (2.28)$$

Cátodo:
$$2H_2O_{(l)} + 2e^- \rightarrow H_2(g) + 2OH^-_{(aq)} \qquad (2.29)$$

Global:
$$Fe_{(s)} + 2H_2O_{(l)} \rightarrow Fe(OH)_{2(s)} + H_{2(g)} \qquad (2.30)$$

Los $Fe(OH)_n$ formados permanecen en la solución acuosa como una suspensión gelatinosa, la cual puede remover los contaminantes del efluente por medio de complejación o atracción electrostática, seguida de coagulación. Una hipótesis es que el modo de complejación en la superficie del contaminante ocurre cuando este actúa como ligando para formar un enlace químico con los hidróxidos de fierro. La pre-hidrólisis de los cationes de Fe^{3+} por medio de EC permite la formación de enlaces reactivos para el tratamiento de aguas residuales[51].

2.7.1.1 Reacciones de electrocoagulación a diferentes pHs

El mecanismo de la electrocoagulación con electrodos de fierro a distintos pH fue propuesto por Héctor A. Moreno [52].

Para pH <4
Ánodo:

$$Fe \rightarrow Fe^{+2} + 2e^- \tag{2.31}$$

$$Fe \rightarrow Fe^{+3} + 3e^- \tag{2.32}$$

Cátodo:

$$2H^+ + 2\ e^- \rightarrow H_{2(g)}\uparrow \tag{2.33}$$

La electroquímica depende de la cinética y termodinámica. La EC puede ser considerada como un proceso de corrosión acelerada. La velocidad de la reacción dependerá de la eliminación [H⁺] vía evolución de H₂ [52].

Para pH 4<pH<7
Ánodo: Reacciones (2.31) y (2.32)

Comentarios: el fierro también sufre hidrólisis

$$Fe + 6H_2O \rightarrow Fe(H_2O)_4(OH)_{2\ (aq)} + 2H^{+1} + 2e^{-1} \tag{2.34}$$

$$Fe + 6H_2O \rightarrow Fe(H_2O)_3(OH)_{3\ (aq)} + 3H^{+1} + 3e^{-1} \tag{2.35}$$

El hidróxido de Fe(III) comienza a precipitar con un floculo de color amarillo.

$$Fe(H_2O)_3(OH)_{3\ (aq)} \rightarrow Fe(H_2O)_3(OH)_{3\ (s)} \tag{2.36}$$

$$2Fe(H_2O)_3(OH)_3 \leftrightarrow Fe_2O_3\ (H_2O)_6 \tag{2.37}$$

Cátodo:

$$2H^+ + 2\,e^- \rightarrow H_2(g)\uparrow \qquad (2.38)$$

Para pH 6<pH<9
Ánodo: Reacciones (2.31) y (2.32).

La precipitación del hidróxido de Fe (III) continua, y la precipitación del hidróxido de Fe (II) también ocurre presentando un flóculo verde oscuro.

El pH para la solubilidad mínima de Fe $(OH)_n$ está en el intervalo de 7-8. El flóculo electrocoagulado es formado debido a la polimerización de oxihidroxidos de fierro.

$$Fe(H_2O)_4(OH)_{2\ (aq)} \rightarrow Fe(H_2O)_4(OH)_{2\ (s)} \qquad (2.39)$$

$$2Fe(OH)_3 \leftrightarrow Fe_2O_3 + 3H_2O \text{ (hematita, magemita)} \qquad (2.40)$$

$$Fe(OH)_2 \leftrightarrow FeO + H_2O \qquad (2.41)$$

$$2Fe(OH)_3 + Fe(OH)_2 \leftrightarrow Fe_3O_4 + 4H_2O \text{ (magnetita)} \qquad (2.42)$$

$$Fe(OH)_3 \leftrightarrow FeO(OH) + H_2O \text{ (goetita, lepidocrocita)} \qquad (2.43)$$

Hematita, magemita, magnetita, lepidocrocita y goetita han sido identificadas por EC por Parga[53] , y Gomes[53].

Cátodo $\qquad 2H^+ + 2\,e^- \rightarrow H_{2(g)}\uparrow \qquad (2.44)$

La evolución del hidrógeno toma mayor lugar pero los [H^+] ahora provienen de la hidrólisis de fierro y ácidos débiles[52].

Otras reacciones son:

$$Fe + 6H_2O \rightarrow Fe(H_2O)_4(OH)_{2\,(s)} + H_{2(g)}\dagger \qquad (2.45)$$

$$Fe + 6H_2O \rightarrow Fe(H_2O)_3(OH)_{3\,(s)} +1\ \tfrac{1}{2}\ H_{2(g)}\dagger \qquad (2.46)$$

Las condiciones en toda la celda no son concentraciones constantes, las especies y el pH están cambiando. Esto puede ser ilustrado con un diagrama de Pourbaix de Fe. El proceso parece ocurrir en la región paralela a la línea de evolución de hidrógeno y las condiciones cambian hacia la derecha como se destaca en la figura 2.6[52].

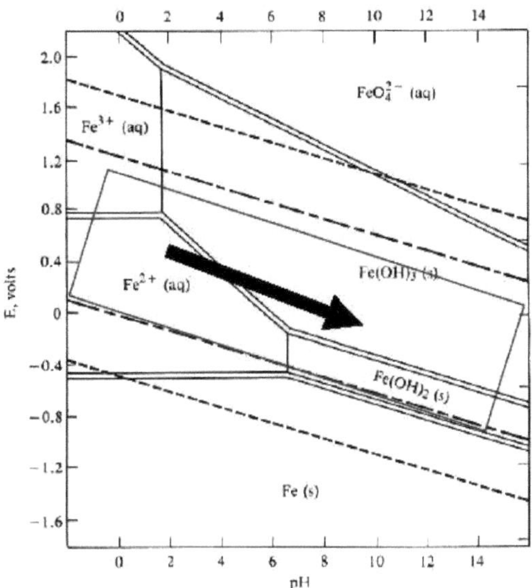

Figura 2.6. Diagrama de Pourbaix para Fe, mostrando la región y dirección en la cual procede la electrocoagulación[53].

De acuerdo a lo anterior, el proceso de Electrocoagulación se lleva a cabo bajo el principio de que la coagulación se efectúa con los iones producidos electrolíticamente de los ánodos de fierro y aluminio los cuales adsorben los contaminantes del medio acuoso que contiene las especies a eliminar o recuperar. La idea general es aprovechar la producción de cationes polivalentes formados por la oxidación de los ánodos de (Fe y Al) y los gases producidos durante la electrolisis (H_2 y O_2) para la remoción de partículas nanométricas (TiO_2) y metales pesados disueltos (arsénico).

En este proceso, el movimiento electroforético tiende a concentrar las partículas cargadas negativamente en la región del ánodo y los iones cargados positivamente en la región del cátodo. Por consiguiente, los iones liberados por los electrodos neutralizan las partículas cargadas con cargas opuestas facilitando con esto la coagulación. La Figura 2.7 ilustra el diagrama esquemático del proceso antes mencionado.

Durante el proceso, las burbujas producidas por los gases formados por electrólisis pueden adsorber las partículas o coágulos que contienen al TiO_2 y Arsénico, siendo trasportadas a la parte superior del reactor donde son concentradas y removidas. También los iones metálicos pueden reaccionar con los iones producidos de OH^- en el cátodo en la cual ocurre la evolución de hidrógeno y forma un hidróxido insoluble que adsorbe los contaminantes de la solución y también contribuye a la coagulación debido a la neutralización de las partículas coloidales de TiO_2 y Arsénico. Este comportamiento de aglomeración de partículas se debe también a la influencia de las fuerzas de atracción de van der Walls[53].

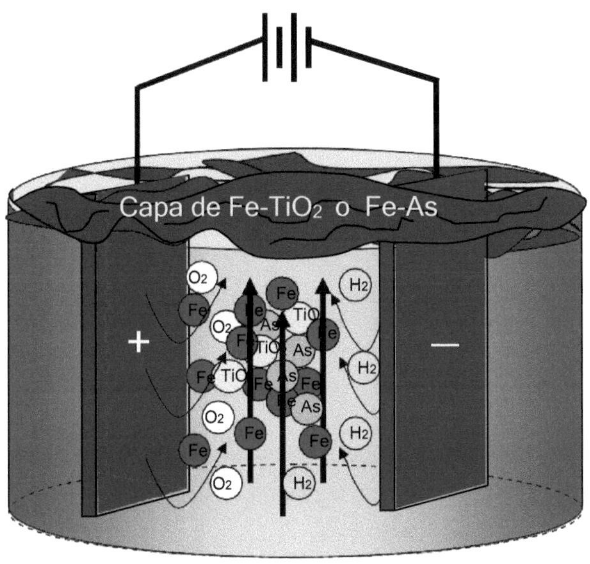

Figura 2.7. Diagrama esquemático del proceso de Electrocoagulación[53].

De manera general este proceso tiene las siguientes ventajas: Los efluentes tratadas son libres de impurezas como son color, olor, y sólidos; como se aplica un campo eléctrico pueden removerse partículas coloidales facilitando con esto la clarificación de la fase acuosa; la unidad de tratamiento no es muy voluminosa y el mantenimiento de la misma es muy fácil ya que no tiene partes en movimiento; finalmente esta tecnología se puede utilizar en áreas remotas del país donde se tengan problemas de electricidad, ya que se puede utilizar la energía solar para llevar a cabo este proceso.

A continuación se presenta una comparativa del proceso de EC contra el tratamiento biológico y químicos:

- Electrocoagulación v/s tratamiento biológico[54]:

- El sistema de electrocoagulación aplicado a aguas residuales, en comparación a sistemas biológicos convencionales, requiere de una menor superficie (entre un 50 a 60% menor).

- Los tiempos de residencia de la electrocoagulación son de 10 a 60 segundos, en comparación con los sistemas biológicos que requieren entre 12 y 24 horas.

- Son unidades compactas, fáciles de operar, con un consumo de energía y producción de lodo (más compacto) inferior a los sistemas biológicos convencionales.

- Las celdas de electrocoagulación se construyen en FVR y se instalan sobre terreno. Por lo tanto, no requieren de obras civiles mayores, como los sistemas químicos y biológicos.

- Los costos de inversión son un 50% más bajo que los sistemas biológicos.

- Los consumos de energía eléctrica por m^3 de agua tratada, (entre un 0.1 a 1 Kwh/m^3), son menores a los sistemas de tratamiento convencionales.

- No utilizan productos químicos · Son unidades 100% automáticas, que se utilizan cuando se requieren, con tiempos de respuesta de 10 a 60 segundos, en su nivel de eficiencia.

- Electrocoagulación v/s tratamiento químico[54]:

- Son unidades compactas, fáciles de operar, con un consumo de energía y producción de lodos (más compacto) menor, a los sistemas de tratamiento químicos convencionales.

- Las celdas de electrocoagulación se construyen en FVR e instalan sobre terreno. Por lo tanto, no requieren de obras civiles mayores, como los sistemas químicos y biológicos.

- Los consumos de energía eléctrica por m^3 de agua tratada, entre un 0.1 a 1 Kwh/m^3, son menores a los sistemas de tratamiento convencionales.

- Los costos de operación son entre 50% a 60 % más bajo que los sistemas químicos.

- Adaptable a diferente tipos de procesos.

El proceso de Electrocoagulación es un proceso novel en el cual se estudiara el mecanismo Cinético y Termodinámico de la adsorción de las nanopartículas de TiO$_2$ e iones de Arsénico en las especies de magnetita y goetita generadas en los electrodos de fierro que se utilizan en el reactor de EC.

2.7.2 Densidad de corriente

La densidad de corriente es la relación de la corriente suministrada a los electrodos y el área de los mismos, se calcula con la fórmula[55]:

$$D = \frac{I}{A} \tag{2.47}$$

Donde:

D = Densidad de corriente (Amp/cm^2)

I= Corriente aplicada (amperes)

A = Área de los electrodos (cm^2)

2.7.3 Disolución de los electrodos

La cantidad de metal que se disuelve o deposita depende de la cantidad de la electricidad que pasa a través de la solución electrolítica y del tiempo de residencia del agua en la celda de electrocoagulación.

Una relación simple entre la densidad de corriente (A cm.$^{-2}$) y la cantidad de sustancia (M) disuelta (g de M por cm.$^{-2}$) se deriva a partir de la ley de Faraday[55]:

$$W = \frac{(D * t * M)}{nF}$$
(2.48)

Donde:

W = Cantidad de material del electrodo disuelto (gramos por cm.$^{-2}$)

D = Densidad de corriente (A por cm^{-2})

t = Tiempo (en segundos).

M = Masa molar relativa del electrodo.

n = Número de electrones en la reacción redox.

F = Constante de Faraday (96,500 columbios)

2.7.4 Consumo de energía

El consumo de energía que se tiene en un reactor de electrocoagulación se puede calcular con la ecuación[55]:

$$E = \frac{(I * v * t)}{1000}$$
(2.49)

Donde:

E= Energía (kW·hr)

I = Corriente (Amperes)

v = Carga (volts)

t = Tiempo (hrs.)

2.7.5 Costo de tratamiento

El costo del tratamiento de la energía suministrada se calcula con la siguiente fórmula[55]:

$$C = E*Ce$$
(2.50)

Donde:

C = Costo del tratamiento

E = energía (Kw.hr)

Ce = Costo de 1 Kw.hr de energía

2.8   Análisis termodinámico

2.8.1 Isoterma de Langmuir

En 1918 I. Langmuir dedujo la isoterma Tipo I (corresponde a una adsorción en monocapa, es la isoterma característica de un proceso de fisiadsorción o quimisorción[56]) empleando un modelo simplificado de la superficie de un sólido:

- La superficie proporciona un cierto número de posiciones para la adsorción y todas son equivalentes
- Sólo se adsorbe una molécula sobre cada posición
- Su adsorción es independiente de la ocupación de las posiciones vecinas (las moléculas adsorbidas no interaccionan entre sí).

El proceso dinámico de adsorción se puede plantear como[56]:

$$A_{(liq)} + M_{(sol)} \underset{K_d}{\overset{K_a}{\rightleftharpoons}} A-M_{(sol)} \tag{2.51}$$

k_a: constante de velocidad para la adsorción

k_d: constante de velocidad para la desorción.

Para expresar el grado de extensión de la adsorción se introduce la fracción de recubrimiento θ. Teniendo en cuenta que sobre cada posición sólo puede adsorberse una molécula[56]:

$$\Theta = \frac{\text{no. moléculas adsorbidas}}{\text{no. posiciones adsorción}} = \frac{\text{no. posiciones ocupadas}}{\text{no. posiciones adsorción(N)}} \tag{2.52}$$

Donde N es el número total de posiciones de adsorción en la superficie.

En un instante t se cumple:

-número de posiciones de adsorción ocupadas = cN

-número de posiciones de adsorción libres = N- ΘN = N (1- Θ)

Si consideramos una cinética de primer orden respecto a cada miembro, se obtiene que la velocidad de adsorción es proporcional al número de colisiones entre las moléculas de la fase liquida y las posiciones de adsorción vacías, ya que sólo se forma una monocapa:

$$V_a = k_a C(1 - \Theta)N \qquad (2.53)$$

La velocidad de desorción será proporcional al número de moléculas adsorbidas:

$$V_d = K_d N\Theta \qquad (2.54)$$

Las dos velocidades se igualan al llegar al equilibrio, de donde se obtiene:

$$k_a CN(1 - \Theta) = k_d = N\Theta \qquad (2.55)$$

$$k_a P - k_a C\Theta = k_d \Theta \qquad (2.56)$$

Si despejamos la fracción de recubrimiento:

$$\Theta = \frac{k_a C}{k_d + k_a C} \qquad (2.57)$$

Definiendo la constante de equilibrio como K=k_a/k_d se obtiene la isoterma de Langmuir:

$$\Theta = \frac{KC}{1 + KC} \qquad (2.58)$$

Alternativamente, esta expresión puede deducirse a partir del equilibrio entre productos (moléculas adsorbidas) y reactivos (posiciones libres y moléculas de gas):

$$K = \frac{N(1 - \Theta)}{N\Theta C} \qquad (2.59)$$

La constante K = ka /kd determina el estado de equilibrio a una presión dada. Esta relación da lugar a la conocida isoterma de Langmuir, que tiende a ajustarse a los datos experimentales mejor que la isoterma de Freundlich[56].

2.8.1.1 Factor de separación

Una característica de la isoterma de Langmuir puede ser expresada en términos de una constante sin dimensiones llamado factor de separación o parámetro de equilibrio R_L, que es usado para predecir si un sistema de adsorción es favorable o desfavorable. El factor de separación se define por la siguiente ecuación[56]:

$$R_L = \frac{1}{1 + bC_0}$$
(2.60)

Donde C_o es la concentración inicial del sistema de adsorción y b es la constante de Lagmuir, la isoterma es desfavorable si $R_L > 1$, la isoterma es lineal si $R_L = 0$, la isoterma es favorable cuando $0 < R_L < 1$ y la isoterma es irreversible cuando $R_L = 0$.

2.8.1.2 Otras Isotermas de Adsorción

Como se mencionó anteriormente, la isoterma de Langmuir tiende a ajustar mejor los datos experimentales que otras isotermas, como Freundlich y DR (Dubinin-Radushkevich). Estas isotermas se presentan a continuación para realizar una comparación de ajustes de datos. Las isotermas se presentan en su forma normal y su forma lineal.

2.8.1.2.1 Isoterma de Freundlich

La ecuación de Freundlich es una ecuación empírica usada para describir sistemas heterogéneos, la cual es caracterizada por el factor de heterogeneidad $1/n$[57], por lo tanto la ecuación empírica puede escribirse:

$$N = K_F C_e^{1/n}$$
(2.61)

Donde N es la concentración de la fase sólida (mg/g), C_e es la concentración de la fase líquida (mg/L), K_F la constante de Freundlich y 1/n es el factor de heterogeneidad. La forma lineal de la expresión de Freundlich se obtiene tomando logaritmos de la ecuación (2.61):

$$\ln N = \ln K_F + \frac{1}{n}\ln C_e \qquad (2.62)$$

Por lo tanto, graficando ln N vs C_e se pueden determinar la constante K_F y el exponente 1/n, las cuales son las constantes de Freundlich y representan la capacidad de adsorción y la intensidad de adsorción respectivamente. Cuando n>1 representa condiciones favorables de adsorción[57].

2.8.1.2.2 Isoterma D-R (Dubinin-Radushkevich)

La isoterma D-R es más general que la isoterma de Langmuir, debido a que no supone una superficie homogénea o el potencial constante de sorsión. La ecuación es:

$$N = N_{max}\exp(-K\varepsilon^2) \qquad (2.63)$$

La forma lineal de la isoterma de D-R se obtiene tomando logaritmos de la ecuación (n) y se muestra en la ecuación siguiente:

$$\text{Ln } N = \ln N_{max} - K\varepsilon^2 \qquad (2.64)$$

Donde N es la cantidad adsorbida, K es una constante relacionada a la energía de adsorción, N_{max} es la capacidad de saturación teórica, ε es el potencial de Polanyi igual a RT ln $(1+1/C_e)$[57].

2.8.2 Número de moles adsorbidos por gramo de adsorbente

A partir de la diferencia de concentraciones inicial y final de TiO_2 o arsénico, el volumen de disolución empleado y la masa de hidróxidos de fierro disuelto (m_c) se puede calcular N, que es el número de moles adsorbidos por gramo de adsorbente[58].

El número de moles adsorbidos por gramo de adsorbente lo calculamos mediante la ecuación:

$$N = V * \frac{Co - C}{m_c}$$

(2.65)

Donde:

N= Número de moles adsorbidos por gramo de adsorbente

V = Volumen de la disolución

Co = Concentración inicial

C = Concentración final

m_c= Masa hidróxido disuelto

2.8.3 Cálculo de Nmax y constante de Langmuir (K)

Si suponemos que Nmax es la cantidad máxima de adsorbato que se puede adsorber en un gramo de hidróxido de fierro, el grado de recubrimiento θ resulta ser θ = N/Nmax. En estas condiciones, la isoterma de Langmuir (ecuación 2.58) puede reescribirse de la siguiente forma:

$$N = \frac{N_{max}KC}{1 + KC}$$

(2.66)

Y rearreglarse como:

$$\frac{C}{N} = \frac{C}{N_{max}} = \frac{1}{KN_{max}}$$

(2.67)

Si el sistema sigue el comportamiento descrito por la isoterma de Langmuir, la gráfica del cociente C/N como función de la concentración de equilibrio C debe dar una línea recta de pendiente 1/Nmax y ordenada al origen 1/KNmax[58].

2.8.4 Área específica BET (Brunauer, Emmet y Teller)

La teoría BET es una conocida técnica de la adsorción física de una molécula gaseosa sobre una superficie de un sólido, esta es la base para una importante técnica de análisis para la medición del área específica superficial de un material.

El concepto de la teoría es una extensión de la teoría de Langmuir, la cual es la base de la adsorción molecular de monocapa a la adsorción multicapas con las siguientes hipótesis: a) Las moléculas de gas se adsorben físicamente sobre un sólido en capas infinitamente, b) No hay una interacción entre cada capa de adsorción y c) La teoría de Langmuir puede aplicarse a cada capa. La ecuación BET resultante es la siguiente[59]:

$$\frac{1}{V[(Po/P)-1]} = \frac{C-1}{VmC}(\frac{P}{Po}) + \frac{1}{VmC} \tag{2.68}$$

P y P_o están en el equilibrio y la presión de saturación del adsorbato a la temperatura de adsorción, V es la cantidad de gas adsorbido (por ejemplo, en unidades de volumen e) y Vm es la cantidad de gas adsorbido en la monocapa C es la constante de BET, expresada por:

$$C = \exp(\frac{E_1 - E_L}{RT}) \tag{2.69}$$

E_1 es el calor de adsorción para la primera monocapa y E_L es para la segunda y capas superiores y es igual al calor de licuefacción.

2.8.4.1 Gráfica BET

La ecuación (2.68) es una isoterma de adsorción y puede ser graficada como una línea recta con $1/v[(P_0/P)-1]$ en el eje de las y $\varphi = P/P_0$ en eje de las x de acuerdo a los resultados experimentales. Esta grafica es llamada la grafica de BET (Figura 2.8). La relación lineal de esta ecuación se mantiene solo en el rango de 0.05 <P/P$_0$< 0.35.

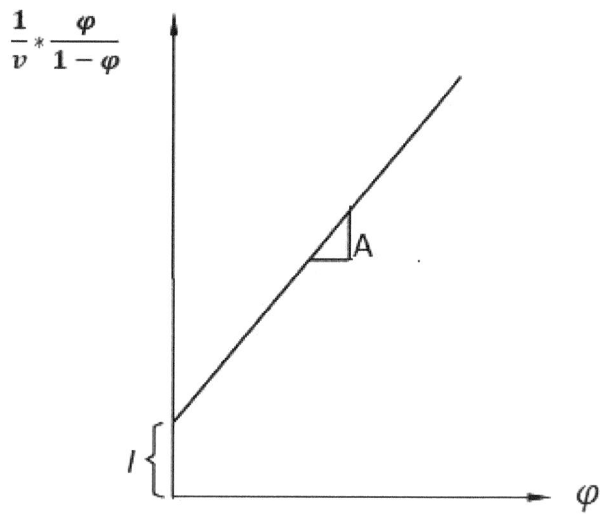

Figura 2.8. Gráfica BET[59].

El valor de la pendiente A y la ordenada al origen y de la línea se usa para calcular la cantidad de gas adsorbida en la monocapa Vm y la constante c de BET. Se usan las siguientes ecuaciones.

$$Vm = \frac{1}{A+I} \tag{2.70}$$

$$C = 1 + \frac{A}{I}$$

(2.71)

El método BET es ampliamente usado para el cálculo de áreas superficiales de sólidos mediante la adsorción física de moléculas de gas. El área total superficial S_{total} y la área de superficie específica S son evaluados con las siguientes ecuaciones[59]:

$$S_{BET,total} = \frac{(VmNs)}{V}$$

(2.72)

$$S_{BET} = \frac{S_{total}}{a}$$

(2.73)

Donde:

N : Número de avogadro

S: Sección cruzada de adsorción

V: Volumen molar del gas adsorbente

A: Peso molar de las especies adsorbidas

El valor usual para adsorbentes constituidos por partículas pequeñas y porosas está entre 10 y 1,000 m^2/g.

2.8.5 Termodinámica de la reacción

Usando las siguientes relaciones se calcularon los parámetros termodinámicos del proceso de adsorción:

$$\Delta G° = -RT\ln b$$

(2.74)

$$\Delta H° = -RT\ln b - b_0$$

(2.75)

$$\Delta S° = \frac{\Delta H° - \Delta G°}{T}$$

(2.76)

Donde $\Delta H°$ es el cambio de entalpía, $\Delta S°$ es el cambio de entropía, ΔG el cambio en la energía libre de gibbs, b y b_o son constantes de Langmuir a concentración final e inicial. El valor negativo de la energía libre sugiere la viabilidad del proceso en ambos casos. El valor negativo de la entalpía confirma la naturaleza exotérmica del proceso, además el valor positivo del cambio de entropía muestra el aumento de la aleateoridad del proceso[60].

2.9 Análisis cinético

2.9.1 Modelo de Langmuir-Hinshelwood

El modelo cinético de Langmuir-Hinshelwood predice el comportamiento de la velocidad de reacción con la siguiente ecuación[61]:

$$r = -\frac{dc}{dt} = \frac{kKC}{KC+1} \tag{2.77}$$

Donde k representa la constante cinética de la reacción, K la constante de equilibrio de adsorción de cianuro y C la concentración de TiO_2 o AS[61]. Esta ecuación puede ser linealizada para ajustar los datos experimentales al modelo y encontrar sus respectivas constantes (tabla 2.5 y figura 2.9).

$$-\frac{dt}{dc} = \frac{1}{k} * \frac{1}{C} + \frac{1}{kK} \tag{2.78}$$

Las constantes k y K se calculan a partir de:

$$y = mx + b \tag{2.79}$$

$$m = 1/kK \tag{2.80}$$

$$b = 1/k \tag{2.81}$$

$$k = 1/b \tag{2.82}$$

$$K = b/m \tag{2.83}$$

Cuando la constante cinética (k) es mayor que la constante de adsorción (K), significa que el fenómeno controlante para el proceso de recuperación o remoción de los compuestos es la velocidad de adsorción de los contaminantes (etapa 2 de adsorción) sobre la superficie del catalizador en vez de la velocidad de conversión de los mismos[61] (etapa 3 del proceso de adsorción).

Tabla 2.5. Ejemplo de datos experimentales para graficar en el modelo Langmuir-Hinshelwood[61].

Tiempo (min)	[CN⁻] ppm	1/C	dt/dC
0	405.74	0.00246463	0.28143884
15	347.56	0.0028772	0.32764652
30	309.46	0.00323144	0.36732077
45	275.54	0.00362924	0.41187456
60	245.34	0.00407598	0.46190933
90	180.02	0.00555494	0.62755309
120	139.98	0.00714388	0.8055143

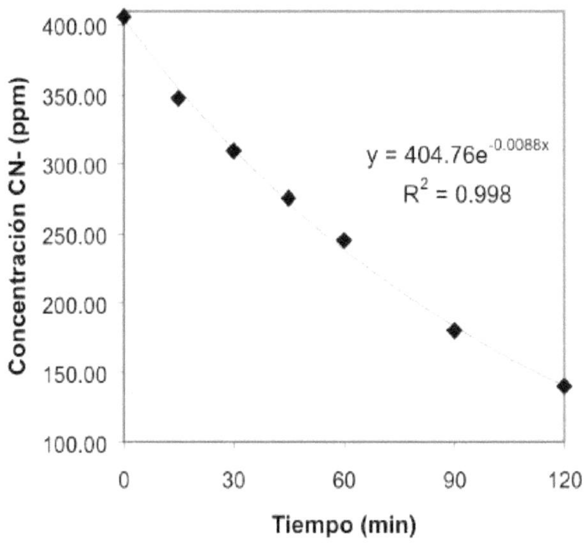

Figura 2.9   Modelo Langmuir -Hinshelwood grafica de Concentración CN vs tiempo[61].

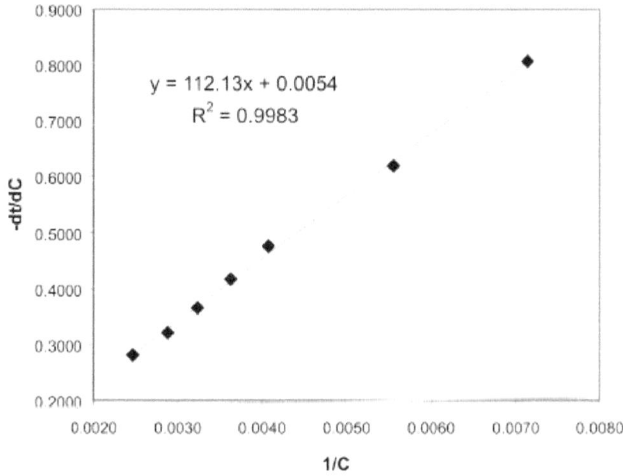

Figura 2.10 Modelo Langmuir -Hinshelwood, grafica de -dt/dC vs 1/C[61].

Las velocidades de reacción calculadas a partir del modelo cinético de primer orden son:

Velocidad de reducción de TiO$_2$[61]:

$$-\mathrm{r} = \frac{-\,\mathrm{dC_{TiO2}}}{\mathrm{dt}} = \mathrm{m} * \mathrm{C}_{\mathrm{TiO2}} \qquad (2.84)$$

Donde:

-r = Velocidad de reducción del TiO$_2$

C$_{TiO2}$ = Concentración del TiO$_2$

m = pendiente de la gráfica concentración-tiempo

Velocidad de reducción de As:

$$-\mathrm{r} = \frac{-\,\mathrm{dC_{As}}}{\mathrm{dt}} = \mathrm{m} * \mathrm{C}_{\mathrm{As}} \qquad (2.85)$$

Donde:

-r = Velocidad de reducción del As

C$_{As}$ = Concentración de As

m = pendiente de la grafica concentración-tiempo

2.9.2 Etapas de la catálisis heterogénea

Para que la reacción entre el adsorbato (dióxido de titanio o arsénico) y el adsorbente (hidróxidos de fierro) tenga lugar es necesario que se den las siguientes etapas[62]:

1) Difusión de las moléculas de reactivos hasta la superficie del sólido

2) Quimiadsorción o fisiadsorción (depende del valor de ΔH del sistema) de al menos una de las especies reactivas sobre la superficie

3) Reacción química sobre la superficie

4) Desorción de los productos de la superficie

5) Difusión de los productos hacia la fase fluida

El más lento de todos estos procesos determinará la velocidad de reacción. Las etapas 1 y 5 de difusión dependen de la temperatura, de la presión, y de la concentración del adsorbato y en general son rápidas, por lo tanto cualquiera de los pasos 2, 3 o 4 puede ser el paso limitante (el más lento), Langmuir asumió que el paso 2 o 3 de la reacción en superficie es el paso lento del proceso, para conocer cuál de estos pasos es el paso limitante es necesario conocer los valores de las constantes cinética y de adsorción, cuando la constante cinética es mayor que la constante de adsorción, el fenómeno controlante o etapa más lenta del proceso, es la adsorción (quimiadsorción o fisiadsorción) sobre la superficie del adsorbente (etapa 2). Cuando la constante de adsorción es mayor que la constante cinética la etapa más lenta es la reacción química sobre la superficie (etapa 3)[62].

III. EXPERIMENTACIÓN

En este capítulo se llevo a cabo la experimentación para realizar el estudio termodinámico y cinético de la adsorción de dióxido de titanio y arsénico sobre especies de hierro generadas de electrocoagulación, se realizó como primer paso la oxidación de cianuro usando el proceso de la fotocatálisis con nanopartículas de dióxido de titanio, en segundo lugar se realizaron las pruebas de electrocoagulación para recuperar el dióxido de titanio proveniente de la oxidación fotocatalitica y por último se realizaron las pruebas eliminación de arsénico usando el proceso de electrocoagulación, posteriormente las pruebas de electrocoagulación se realizaron en dos partes, la primera parte para realizar el estudio de adsorción y termodinámico y la segunda parte para realizar el estudio cinético.

3.1 Determinación de cianuro

3.1.1 Análisis potenciométrico

Este método es adecuado para concentraciones menores de a 100 ppm, se basa en la creación de una diferencia de potencial eléctrico causado por la presencia de cianuro. Este potencial es transmitido por un electrodo selectivo y se compara el potencial de un electrodo de referencia. En este método deben considerarse pH>11 para evitar formación de HCN[63].

3.1.3 Equipo utilizado

Para realizar la curva de calibración se uso un potenciómetro marca corning modelo 130, con dos electrodos, uno de referencia y otro de cianuro, marca Orión.

3.2 Pruebas de fotocatálisis

Las pruebas de oxidación fotocalítica de cianuro se realizaron en un vaso de precipitado de 400 ml. Se usó una concentración de catalizador de 1.25 1.0, 0.75, 0.5 y 0.25 g/L de dióxido de titanio Degussa P-25, el cual es reconocido por su alta actividad fotocatalítica, lo cual lo hace el material más usado en aplicaciones fotocatalíticas ambientales; la concentración de cianuro inicial fue de 400 ppm, esta solución se preparó a partir de NaCN, reactivo analítico de pureza del 95 %, fabricado por productos químicos de Monterrey,   como fuente de iluminación se usó una lámpara de 450 W de halógeno marca Regent, durante un tiempo de 30 minutos con agitación, colocando la fuente de luz en la parte superior del vaso para una irradiación directa (figura 3.1). Para la determinación de cianuro se uso la técnica del electrodo de ión selectivo de cianuro con un pH de 11 para evitar la formación de HCN.

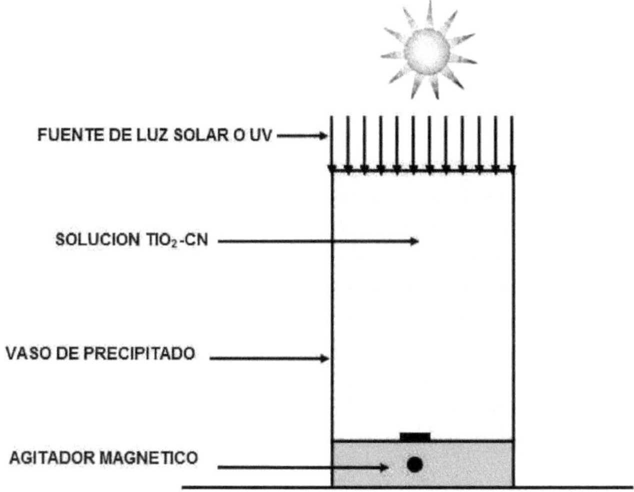

Figura 3.1 Diagrama esquemático para la oxidación fotocatalítica de CN⁻.

En la tabla 3.1 se resumen las condiciones de las pruebas realizadas:

Tabla 3.1 Condiciones para las pruebas de Fotocatálisis.

Muestra	[TiO$_2$] g/L	pH	[CN]$_{inicial}$ ppm	Potencia (W)
1	0.50	11	400	450
2	0.75	11	400	450
3	1.0	11	400	450
4	1.50	11	400	450
5	2.0	11	400	450

3.3 Pruebas de Electrocoagulación

3.3.1 Electrocoagulación de TiO$_2$

Las pruebas de electrocoagulación para el TiO$_2$ se realizaron en un vaso de precipitado de 400 ml, se usaron 2 electrodos de fierro de 7 cm. De alto por 4 de ancho y con una separación entre estos de 5 milímetros, el volumen usado fue de 350 ml. (Figura 3.2).

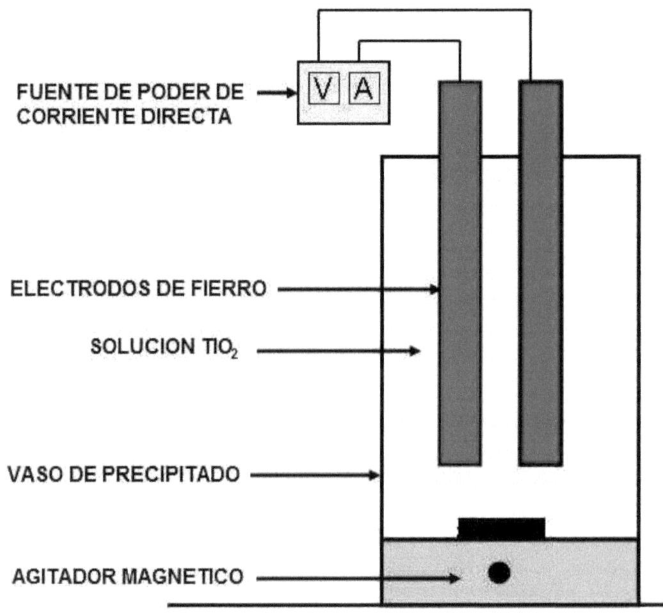

Figura 3.2. Diagrama esquemático de la prueba de electrocoagulación.

En el reactor de electrocoagulación las placas de fierro permiten usar los gases de O$_2$ y H$_2$ generados de la electrolisis del agua para ayudar a remover las especies férricas y ferrosas asociadas con el dióxido de titanio. Se usó un transformador variable para controlar el voltaje y la corriente. La solución se preparo con agua destilada y la conductividad se controló mediante la adición de 1 gr. de NaCl por litro de agua. El pH se ajusto usando una solución 0.13 M de NaOH. La solución y sólidos fueron separados por filtración a través de papel filtro, el lodo de la electrocoagulación fue secado durante 8 horas en un horno a 80 grados centígrados. En la tabla 3.2 y 3.3 tenemos las condiciones iníciales de operación.

Tabla 3.2. Condiciones iníciales de Operación para TiO_2.

Muestra (g/L)	pH	Conductividad (µS)	Voltaje (volt)	Tiempo (min.)	Corriente (A)
1	0.50	9	4.10	11.3	30	0.46
2	0.75	9	4.14	10.9	30	0.44
3	1.0	9	4.13	10.62	30	0.45
4	1.50	9	4.10	11.3	30	0.46
5	2.0	9	4.14	10.9	30	0.44
6	2.5	9	4.13	10.62	30	0.45
7	3.0	9	4.14	10.9	30	0.44

Para conocer los datos cinéticos (variación de tiempo-concentración) se tomaron muestras cada 5 minutos hasta completar los 30 minutos de operación, se tomaron 7 muestras para cada concentración de TiO_2, el número de pruebas se muestra en la tabla 3.3.

Tabla 3.3 Bloque de experimentos para la electrocoagulación con TiO_2.

Muestra	Tiempo (min)
1	0
2	5
3	10
4	15
5	20
6	25
7	30

Para medir las concentraciones iníciales y finales de las muestras acuosas se uso la técnica de espectrometría absorción atómica, (equipo marca Shimadzu modelo 6701). El producto sólido se caracterizó con las técnicas de difracción de rayos X (difractómetro Phillips modelo X-PERT) y microscopia electrónica de barrido (FEI Quanta 2000, Oxford Instruments).

3.3.2 Electrocoagulación As

Las pruebas de electrocoagulación para el As para determinar el número de moles adsorbidos se realizaron de la siguiente forma: para determinar los parámetros de adsorción y termodinámicos las pruebas se realizaron en un vaso de precipitado de 400 ml, 2 electrodos de fierro de 6 cm. De alto por 3 de ancho y con una separación entre estos de 5 milímetros, el volumen usado fue de 350 ml. (Figura 3.2). Las pruebas para determinar los parámetros cinéticos se realizaron en el reactor de 1.3 litros, este reactor lleva 6 placas de fierros de 15 cm de ancho por 25 cm de alto, figura 3.3.

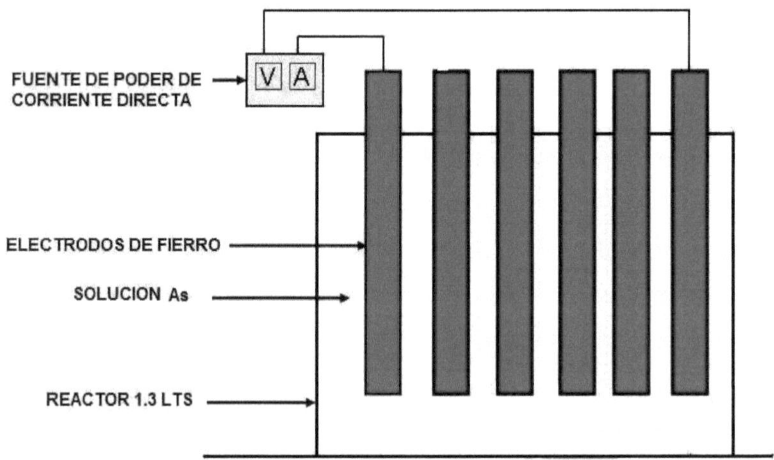

Figura 3.3 Diagrama esquemático del reactor de 1.3 Litros.

Las soluciones sintéticas de arsénico se prepararon a partir de arsenato de sodio reactivo analítico de pureza del 97 %, (también se puede usar arsenito de sodio y estándar de arsénico) fabricado por productos químicos   Monterrey, el pH se ajustó con ácido clorhídrico 0.1 N.

Se realizaron dos grupos de pruebas, la 1ra para determinar el número de moles adsorbidos, se usaron las siguientes concentraciones: 1, 2, 5, 7,13, 20 y 30 ppm. La segunda para determinar los datos cinéticos, con la muestra de 5 y 10 ppm se tomaron muestras cada 2 minutos hasta completar 10 minutos, en las tablas 3.4 y 3.5 se muestran las condiciones iníciales y las concentraciones usadas en estas pruebas, en la tabla 3.6 se muestra el bloque de experimentos para el segundo grupo de pruebas.

Tabla 3.4 Condiciones iníciales de Operación para As prueba 1.

	Muestra (ppm)	pH	Conductividad (µS)	Voltaje (volts)	Corriente (Amperes)	Tiempo (min)
1	1	2.86	4.20	8.5	0.41	5
2	2	2.90	4.10	12.1	0.46	5
3	5	3.05	4.15	10	0.49	5
4	7	2.95	3.90	12.80	0.41	5
5	13	2.90	3.96	10.7	0.46	5
6	20	3.02	4.05	10.25	0.50	5
7	30	4.17	4.12	6.68	0.75	5

Tabla 3.5. Condiciones iníciales de Operación para As prueba 2.

Muestra (ppm)	pH	Temperatura °C	Corriente (Ampere)	Voltaje (Volt)	Tiempo (Min)
5	3.55	23	0.65	15.43	30
10	3.26	22	0.63	18.76	30

Tabla 3.6 Bloque de experimentos para el segundo grupo de pruebas.

Muestra	Tiempo (min)
1	0
2	2
3	4
4	6
5	8
6	10

Para la caracterización de las muestras acuosas se uso la técnica de espectrometría de plasma, el equipo es marca Shimadzu modelo EPA 610C, estas pruebas se realizaron en el laboratorio de análisis químicos de la Corporación Mexicana de Investigación en Materiales (COMIMSA). Los polvos se caracterizaron con las técnicas de difracción de rayos X (difractómetro Phillips modelo X-PERT) y microscopia electrónica de barrido (FEI Quanta 2000, Oxford Instruments) del ITS.

3.4 Determinación de Área Específica usando el Método BET

Para determinar el área específica del producto sólido obtenido de la electrocoagulación para la recuperación del dióxido de titanio y arsénico se uso un equipo marca Micromeritics modelo ASP 2020, estas pruebas se llevaron a cabo en el Departamento de Metalurgia y Materiales de la Escuela de Minas de Colorado, localizada en Golden Colorado, USA.

Para este análisis, las muestras fueron tratadas para eliminar los contaminantes adsorbidos mediante el desgasificado de la muestra durante un período de 12 hrs y pesado en un tubo de muestra. Enseguida, las muestras fueron enfriadas a -197 °C y se hizo pasar una cantidad conocida de N_2 en dosis controladas durante 12 hrs. La cantidad de nitrógeno adsorbido nos permitió obtener la superficie de los poros abiertos de la muestra. Las condiciones de operación para realizar esta medición se muestran en la tabla 3.7.

Tabla 3.7 Condiciones de Operación para la medición de área superficial.

Tiempo de Desgasificado (hrs)	Tiempo Adsorción N_2 (hrs)	Temperatura baño (°C)	Tamaño de muestra (grs)
12	12	- 197.432	0.680

IV. ANÁLISIS Y DISCUSIÓN DE RESULTADOS

En este capítulo se realizará un análisis minucioso sobre los experimentos realizados a nivel laboratorio para la determinación de la adsorción del dióxido de titanio y arsénico sobre las especies magnéticas de hierro generadas por el proceso electroquímico de electrocoagulación. Primeramente cuantificaremos la concentración de cianuro en la solución por lo que el primer paso es de:

4.1 Curva de calibración para la medición de cianuro

La curva de calibración se obtuvo a partir de los siguientes datos experimentales:

Tabla 4.1 Concentración de CN^- en forma logarítmica.

mV	Log Concentración CN^-
-142	0
-156.70	0.25
-177.68	0.60
200.62	1
-223.56	1.4
-231.12	1.53
-258.28	2

Para la medición del cianuro se construyó la siguiente curva de calibración.

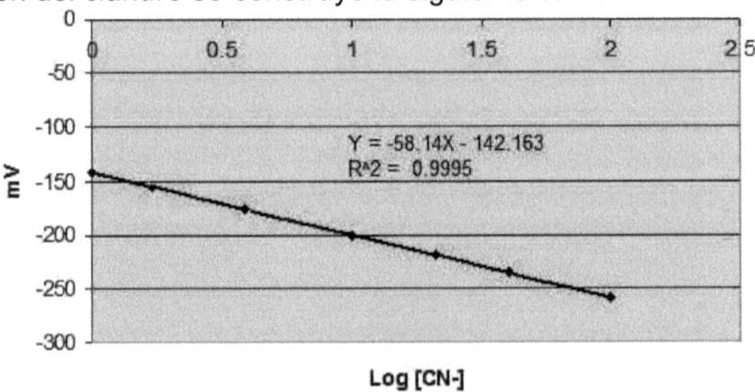

Figura 4.1 Curva de calibración para medir cianuro.

Teniendo la curva de calibración, se realizó la medición de las concentraciones de cianuro de las muestras iníciales y las muestras finales provenientes del tratamiento de la fotocatálisis, para verificar la eficiencia de este proceso avanzado de oxidación para la eliminación de cianuro.

4.2 Resultados pruebas de Fotocatálisis

Los resultados de la oxidación del cianuro usando la tecnología de fotocatálisis con nanopartículas de TiO_2 se muestran en la tabla 4.2.

Tabla 4.2 Resultados de la oxidación de cianuro.

$[TiO_2]$ g/L	$[CN^-]$ inicial (ppm)	$[CN^-]$ final (ppm)	% Eliminación de CN^-	Tiempo (min)
0.50	400	23	94	30
0.75	400	28	93	30
1.0	400	33	91	30
1.50	400	40	90	30
2.0	400	41	90	30

En la tabla 4.2 se puede observar los resultados obtenidos de la oxidación de cianuro, se obtuvo una recuperación máxima de 94 % con una concentración de dióxido de titanio del 0.50 g/L. Se comprueba que la oxidación de cianuro a cianato usando la tecnología de la fotocatálisis con dióxido de titanio es una opción viable para eliminar este contaminante del agua, siendo su única limitación la recuperación de los microelectrodos de dióxido de titanio para reutilizarlos en el proceso de oxidación foto catalítica, para remediar este punto, posteriormente se usó la tecnología de la electrocoagulación para recuperar de forma eficiente los microelectrodos de TiO_2.

En la misma tabla se muestra el comportamiento de la concentración del TiO_2 con el por ciento de eliminación de cianuro, al aumentar la concentración del catalizador, disminuye la eliminación de cianuro, esto se debe a que ocurre un apantallamiento óptico al aumentar la concentración del catalizador, disminuyendo por lo tanto la generación de radicales OH$^-$ para la oxidación del cianuro, lo anterior fue también observado por otros investigadores[60].

4.3 Resultados Pruebas de Electrocoagulación de TiO_2

4.3.1 Resultados de las muestras acuosas

En la tabla 4.3 se tienen los resultados obtenidos de las muestras acuosas de TiO_2 usando la técnica de espectrometría de absorción atómica, estos resultados son los que se usaron para el estudio de adsorción.

Tabla 4.3   Resultados muestras acuosas TiO_2 (Estudio de Adsorción).

Muestra	$[TiO_2]_{inicial}$ g/L	$[TiO_2]_{final}$ g/L	% Recuperado
1	0.5	0.0085	98.3
2	0.75	0.0225	97
3	1	0.034	96.6
4	1.5	0.052	96.53
5	2	0.083	95.85
6	2.5	0.095	96.2
7	3	0.15	95.0

Con los resultados obtenidos en la tabla anterior, se comprueba la alta eficiencia de la recuperación del TiO_2 usando el proceso electroquímico de la electrocoagulación, resolviendo de esta forma el punto débil de esta tecnología, que es la recuperación del dióxido de titanio y posteriormente reusarlo en la oxidación fotocatalítica del cianuro.

Los valores de recuperación más altos, corresponden también a la cantidad mayor de la densidad de corriente aplicada debido a que hay mayor producción de Fe^{+3} mejorando de esta forma la recuperación debido a la mayor probabilidad de interacción entre las especies generadas de EC y el dióxido de titanio, la eficiencia en la recuperación del dióxido de titanio, también se puede explicar en función del pH, La disminución en la eficiencia en la recuperación se debe a que en soluciones ácidas, la oxidación de fierro ferroso (Fe^{+2}) a férrico (Fe^{+3}) disminuye y por lo tanto la recuperación del dióxido de titanio disminuye; a pH mayores la tendencia es a favor de la oxidación de Fe^{+2} a Fe^{+3} mejorando por lo tanto el proceso de electrocoagulación para la recuperación del dióxido de titanio.

Los resultados de la tabla 4.3, también se usaron para realizar los cálculos de adsorción y posteriormente obtener los parámetros termodinámicos de la adsorción del dióxido de titanio sobre especies generadas de EC.

Los resultados para realizar el estudio cinético se muestran en las siguientes tablas. En estos experimentos se tomo una muestra cada 5 minutos hasta completar los 30 minutos para tener la variación concentración de dióxido de titanio-tiempo para poder realizar el estudio cinético.

Tabla 4.4 Resultados obtenidos de la muestra 1 TiO_2 (Estudio Cinético).

Tiempo (min)	$[TiO_2]_{inicial}$ (g/L)	$[TiO_2]_{final}$ (g/L)	% Recuperado
O	0.5	0.5	0
5	0.5	0.39	22
10	0.5	0.275	45
15	0.5	0.18	64
20	0.5	0.07	86
25	0.5	0.03	94
30	0.5	0.01	98

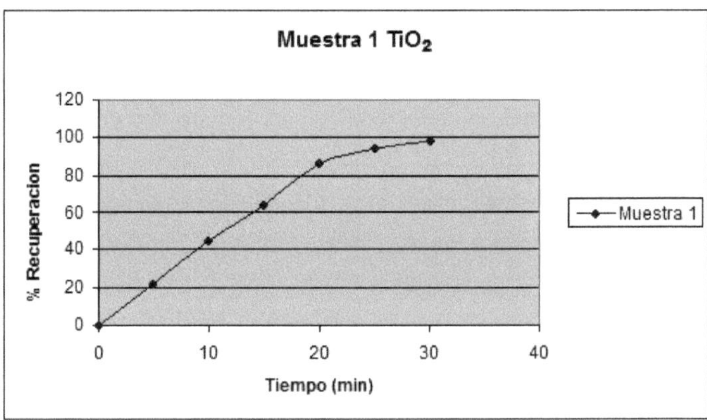

Figura 4.2 Gráfica de la recuperación de TiO$_2$ - tiempo de la muestra 1.

De los resultados mostrados en la tabla 4.4, se tiene una recuperación de dióxido de titanio del 98 %, lo cual muestra que la electrocoagulación es una alternativa viable para recuperar el dióxido de titanio y posteriormente reusarlo en el proceso de la fotocatálisis para la eliminación del cianuro.

Tabla 4.5 Resultados obtenidos de la muestra 2 TiO$_2$ (Estudio Cinético).

Tiempo	[TiO$_2$]$_{inicial}$ (g/L)	[TiO$_2$]$_{final}$ (g/L)	% Recuperado
O	0.75	0.75	0
5	0.75	0.62	17
10	0.75	0.46	37
15	0.75	0.32	57
20	0.75	0.22	71
25	0.75	0.11	85
30	0.75	0.06	92

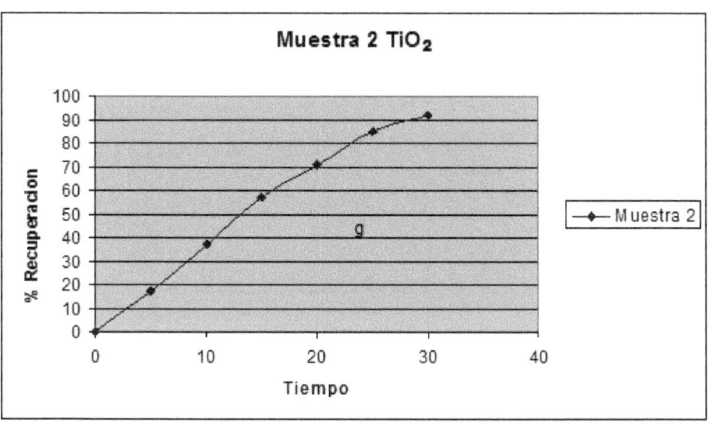

Figura 4.3 Gráfica de la recuperación de TiO$_2$ con respecto al tiempo de la muestra 2.

El resultado obtenido para la muestra 2 es del 92 %, esta disminución en la recuperación se debe a la variación de la corriente suministrada, siendo para este caso menor que la muestra 1 (0.46 Amp. para la muestra 1 y 0.44 Amp. muestra 2).

Tabla 4.6 Resultados obtenidos de la muestra 3 TiO$_2$ (Estudio Cinético).

Tiempo	[TiO$_2$]$_{inicial}$ (g/L)	[TiO$_2$]$_{final}$ (g/L)	% Recuperado
O	1	1	0
5	1	0.76	24
10	1	0.52	48
15	1	0.34	66
20	1	0.22	78
25	1	0.15	85
30	1	0.04	96

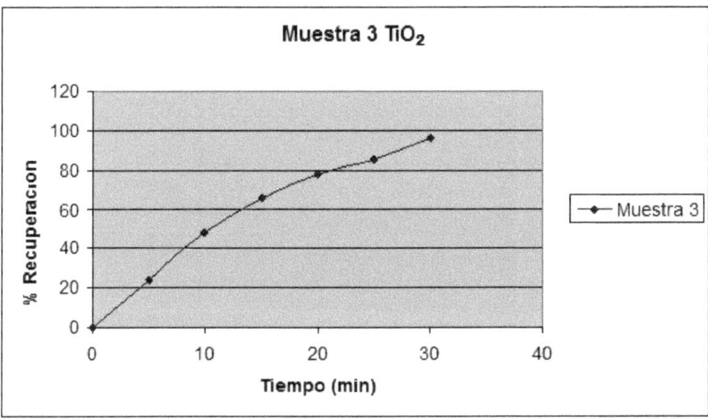

Figura 4.4 Gráfica de la recuperación de TiO_2 con respecto al tiempo de la muestra 3.

Para esta muestra se tiene una recuperación del 96 %, esto se debe al igual que la muestra 2, a la diferencia de la densidad de corriente aplicada a los electrodos (muestra 3, 0.5 Amp).

4.3.2 Cálculo de la densidad de corriente

La densidad de corriente se cálculo usando la ecuación (2.47), y nos indica la relación de la corriente suministrada y el área total de los electrodos usados en las pruebas de electrocoagulación, en la tabla 4.7 se muestra la corriente usada en las pruebas que se realizaron.

Tabla 4.7 Corriente aplicada a cada muestra.

Muestra	Corriente (Amp)
1	0.46
2	0.44
3	0.45
4	0.47
5	0.46
6	0.44
7	0.45

Tabla 4.8   Densidad de corriente.

Muestra	Corriente (Amp)	Área (cm^2)	D(Amp/cm^2)
1	0.46	28	0.0164
2	0.44	28	0.0157
3	0.45	28	0.0161
4	0.47	28	0.0168
5	0.46	28	0.0164
6	0.44	28	0.0157
7	0.45	28	0.0161

La densidad de corriente es uno de los parámetros más importantes en las pruebas de EC, ya que de esta depende la cantidad de especies que se generen en la EC como la magnetita, lepidocrocita, goetita, mejorando con esto la eficiencia de la recuperación o eliminación del proceso de electrocoagulación, ya que a densidades de corrientes óptimas se tiene mayor producción de fierro disuelto (Fe^{+3}), aumentando la probabilidad de interacción de los compuestos del medio acuoso y las especies generadas de electrocoagulación, mejorando por lo tanto la de adsorción del dióxido de titanio sobre el fierro disuelto.

4.3.3 Disolución de los electrodos

Para conocer el número de moles de dióxido de titanio que se adsorben sobre las especies de electrocoagulación, y con estos datos posteriormente realizar los cálculos para conocer los parámetros termodinámicos, es necesario conocer la cantidad que se disuelve de fierro de los electrodos, para conocer la cantidad de fierro que se disolvió en cada tratamiento, usamos la ley de Faraday, ecuación (2.48). Los resultados obtenidos se muestran en la tabla 4.9.

Tabla 4.9 Disolución de los electrodos de las muestra.

Muestra	$D(A/cm^2)$	T (seg)	M	N	F	$W(g/cm^2)$	grs.
1	0.0164	1800	56	3	96500	0.00191	0.107
2	0.0157	1800	56	3	96500	0.00182	0.102
3	0.0161	1800	56	3	96500	0.00187	0.104
4	0.0168	1800	56	3	96500	0.00195	0.109
5	0.0164	1800	56	3	96500	0.00191	0.107
6	0.0157	1800	56	3	96500	0.00182	0.102
7	0.0161	1800	56	3	96500	0.00186	0.104

Conociendo la cantidad de fierro disuelto para cada experimento realizado es posible calcular diferentes datos de adsorción como el número de moles adsorbidos (N), número máximo de adsorción (Nmax), fracción cubierta y factor de separación R_L.

4.3.4 Consumo de energía

El consumo de energía que se tiene en un reactor de electrocoagulación se puede calcular con la ecuación (2.49). Los resultados obtenidos se muestran en la tabla 4.10.

Tabla 4.10 Consumo de energía para cada muestra.

Muestra	I (Amp)	V (volt)	t (hr)	E (KWhr)
1	0.46	9.3	0.5	0.002139
2	0.44	10.12	0.5	0.0022264
3	0.45	9.5	0.5	0.0021375
4	0.47	9,50	0.5	0.00210325
5	0.46	8.95	0.5	0.0022195
6	0.44	9.65	0.5	0.002244
7	0.45	10.2	0.5	0.002223

De acuerdo con los datos mostrados en la tabla 4.10, se tiene un consumo total de energía de 0.015 kWhr, siendo esta una de las ventajas del usó del proceso de EC, su bajo consumo de energía lo que garantiza por lo tanto bajos costos de operación.

4.3.5 Costo del tratamiento

Costo de energía: 3.32 KWhr

C_{E1} = Costo de energía por tratamiento en muestra 1

C_{E2} = Costo de energía por tratamiento en muestra 2

C_{E3} = Costo de energía por tratamiento en mucstra 3

Tabla 4.11 Costo del tratamiento para cada muestra realizada.

Muestra	Costo de energía	E(KWhr)	C_E (\$)
1	3.32	0.00214	0.00710
2	3.32	0.00222	0.00739
3	3.32	0.00213	0.00709
4	3.32	0.00210	0.00698
5	3.32	0.00221	0.00736
6	3.32	0.00224	0.00745
7	3.32	0.00222	0.00738

El costo total de los tratamientos de EC es de \$ 0.018/ litro de agua tratada, con lo que se demuestra los bajos costos de operación de le EC. Uno de los parámetros más importantes que afectan la aplicación de algún método para el tratamiento de agua contaminada o para recuperar reactivos como el dióxido de titanio es el costo. El costo de operación incluye material, principalmente el de los electrodos y el costo de la energía eléctrica, así como el mantenimiento, disposición y secado de lodos, en la tabla 4.11 podemos ver los costos usados para cada muestra, lo cual muestra una de las principales ventajas de la electrocoagulación, su bajo costo de operación comparado con otros sistemas químicos o biológicos.

4.3.6 Número de moles adsorbidos por gramo de adsorbente

El número de moles adsorbidos por gramo de adsorbente lo calculamos mediante la ecuación (2.65). Los resultados obtenidos para la muestra 1 se muestran en la tabla 4.12.

Tabla 4.12 Moles adsorbidos por gramo de adsorbente.

Muestra	C_0(mmol/L)	C(mmol/L)	m_c(grs)	N(mmol$_{Tio2}$/g$_{Fe}$)	C/N
1	6.259	0.125	0.160	13.405	0.00933
2	9.389	0.281	0.153	20.807	0.0135
3	12.519	0.475	0.157	26.902	0.0177
4	18.778	0.651	0.167	37.962	0.0171
5	25.037	1.039	0.164	51.326	0.0202
6	31.297	1.189	0.157	67.254	0.0177
7	37.556	1.878	0.160	77.966	0.0241

Con los valores obtenidos de N se tiene la cantidad de moles de dióxido de titanio adsorbidos por gramo de adsorbente. Este valor se calcula mediante la cantidad de fierro disuelto, por lo que el comportamiento es el mismo que la disolución de fierro y está en función de la cantidad de corriente suministrada.

La diferencia de valores de N implican distinta dimensión de los poros del adsorbente, debido a la compleja distribución del volumen total de los poros en los hidróxidos de fierro.

Usando la ecuación (2.67) (ecuación linealizada de la isoterma de Langmuir) y gráficando C/N con C (gráfica 4.4), obtenemos los siguientes datos de la regresión lineal:

Tabla 4.13 Resultados obtenidos de la regresión lineal.

m (pendiente)	0.0103
y (ordenada)	0.361
R	0.994
R^2	0.988

Si el sistema sigue el comportamiento descrito por la isoterma de Langmuir, la gráfica del cociente C/N como función de la concentración de equilibrio C debe dar una línea recta de pendiente 1/Nmax y ordenada al origen 1/KNmax. Los resultados obtenidos son:

Tabla 4.14 Obtención de Nmax y K.

Nmax (mmol$_{TiO2}$/g$_{Fe}$)	96.7
K (Lmmol^{-1})	35.12

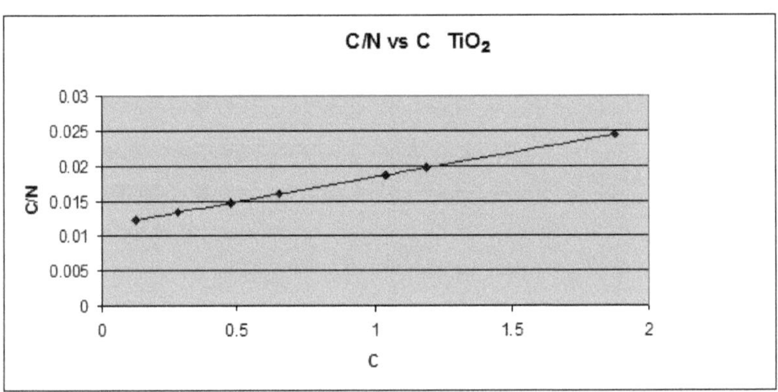

Figura 4.5   Gráfica de C/N vs C para calcular Nmax.

C= Concentración final.

N= Número de moles adsorbidos.

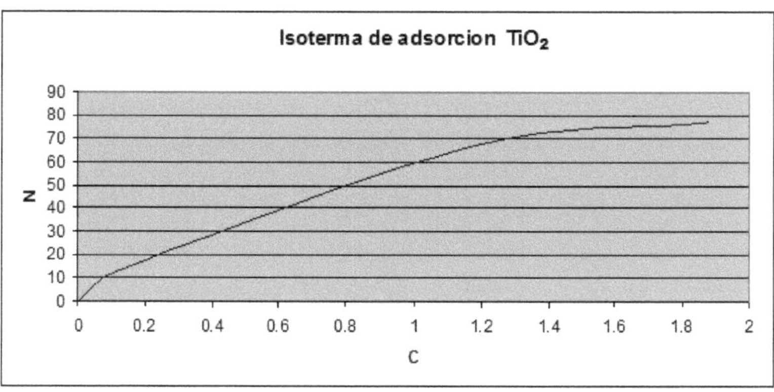

Figura 4.6 Isoterma de adsorción de TiO$_2$ sobre hidróxidos de fierro.

C= Concentración final.

N= Número de moles adsorbidos).

La figura 4.5 muestra la recta que ajusta los datos, por el valor obtenido del coeficiente de correlación (0.994) se verifica que el sistema sigue el comportamiento de la isoterma de Langmuir. La figura 4.6 muestra los datos de la isoterma de adsorción experimental, en la cual podemos apreciar el comportamiento del sistema de adsorción, donde podemos observar primeramente la formación de una multicapa, seguida de la formación de una monocapa a concentraciones mayores, y después la adsorción se mantiene constante llegando al número máximo de adsorción.

El valor de Nmax es la máxima capacidad de adsorción del dióxido de titanio correspondiente al recubrimiento completo de la monocapa en la superficie de fierro, con este valor se calcula la fracción cubierta para cada muestra.

4.3.7 Área específica

Para conocer el área específica se usó el método BET de adsorción de nitrógeno, el cual asume que el gas nitrógeno al licuarse y adsorberse sobre superficies sólidas llenara toda la superficie limpia disponible formando capas múltiples, los resultados obtenidos para la adsorción de nitrógeno se tienen en la tabla siguiente:

Tabla 4.15 Adsorción de nitrógeno.

Presión Relativa Po/P	Cantidad Adsorbida (cm^3/g)
0.05688504	10.7978951
0.1121802	12.0635681
0.17515116	13.4282578
0.23775899	14.7837413
0.30047937	16.0437507

En la figura siguiente tenemos la gráfica de la isoterma BET correspondiente a la adsorción de nitrógeno.

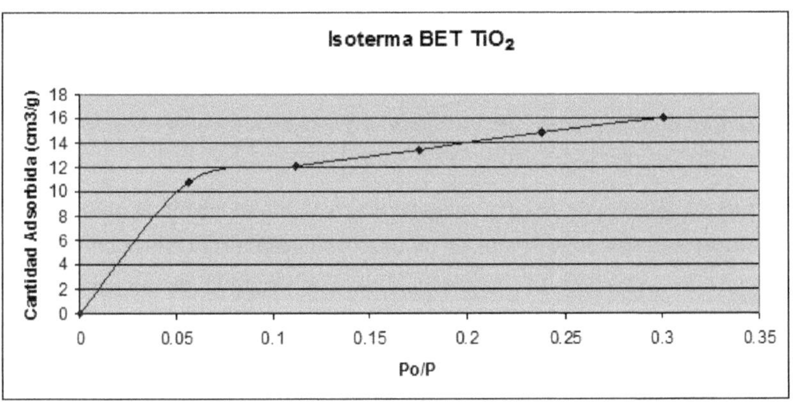

Figura 4.7 Gráfica BET.

Para calcular el área de superficie específica se grafican los datos   de la tabla 4.16 usando la ecuación linealizada BET (ecuación 2.68), posteriormente se le aplican a los datos regresión lineal y usando las ecuaciones   (2.72) y (2.73) se calcula el área específica.

Tabla 4.16 Datos para calcular área específica.

Presión Relativa Po/P	1/[Q(Po/P - 1)]
0.05688504	0.00558592
0.1121802	0.01047407
0.17515116	0.01581317
0.23775899	0.02109892
0.30047937	0.02677369

Tabla 4.17 Datos obtenidos de la regresión lineal.

Pendiente	0.0864
Ordenada al origen	0.000685
R	0.9999
R^2	0.9998

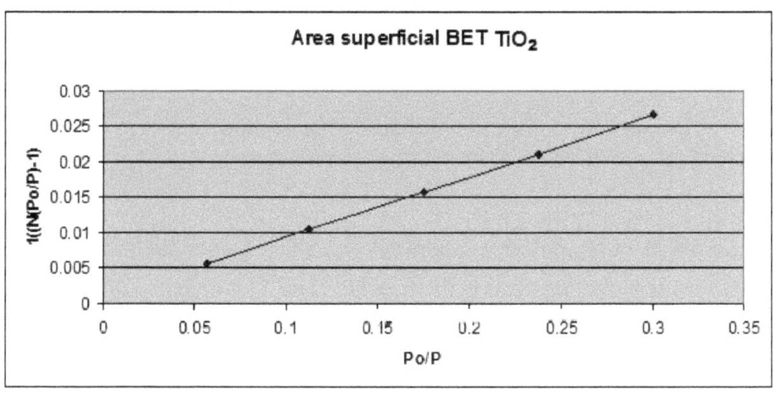

Figura 4.8   Recta para obtener el área superficial con el método BET.

El valor obtenido de área específica es de 190 m^2/g. Este valor se encuentra dentro del intervalo usual para adsorbentes constituidos por partículas pequeñas y porosas, entre 10 y 1 000 m^2/g. El valor del área específica determina también la capacidad de adsorción del adsorbente que se esté usando, en este caso las especies generadas de EC, esta capacidad de adsorción se comprueba con los valores obtenidos en la recuperación del dióxido de titanio (98%).

4.3.8 Fracción de superficie cubierta

De acuerdo a los resultados obtenidos de N y N_{max} se calcula la fracción de superficie cubierta Θ mediante la ecuación $\Theta = N/N_{max}$, en la tabla 4.18 se puede observar que la fracción de recubrimiento se acerca a 1 a medida que la concentración aumenta.

Tabla 4.18 Obtención de Θ.

N (mmol$_{TiO2}$/g$_{Fe}$)	N_{max} (mmol$_{TiO2}$/g$_{Fe}$)	Θ
13.405	96.7	0.139
20.807	96.7	0.217
26.902	96.7	0.280
37.962	96.7	0.395
51.326	96.7	0.535
67.254	96.7	0.700
77.966	96.7	0.812

El valor de Θ varía entre 0 y 1, teniendo un valor mínimo de fracción cubierta de 13.9% que corresponde al valor obtenido de N de 13.405 mmol$_{TiO2}$/g$_{Fe}$ y la fracción máxima obtenida de 81.2% con el valor de N de 77.966 mmol$_{TiO2}$/g$_{Fe}$, por lo tanto los resultados obtenidos están dentro del rango esperado.

4.3.9 Cálculo de parámetros termodinámicos

Aplicando las ecuaciones (2.74), (2.75) y (2.76) obtenemos los siguientes resultados de energía libre, entalpía y entropía para el proceso de adsorción usando 7 concentraciones.

Tabla 4.19 Parámetros termodinámicos.

	Kcal/mol	Kj/mol
ΔG	-8.146	-39.0184
ΔH	-4.145	-20.397
	Kcal/molK	Kj/molK
ΔS	0.0305	0.1473

El valor negativo de ΔG presentado en la tabla confirma la viabilidad del proceso de adsorción y la naturaleza espontánea de la adsorción del TiO_2 en las especies generadas de electrocoagulación. El valor negativo de ΔH indica la naturaleza exotérmica del proceso.

El valor de ΔH de adsorción según la bibliografía corresponde a valores típicos de fisiadsorción (Los valores típicos de la entalpía de adsorción para la fisiadsorción es de -20 kj/mol a-80 kj/mol y cerca de -200 kj/mol para la quimiadsorción[57]), siendo el valor obtenido de -29.0184 kJ/mol.

El valor positivo de ΔS muestra el aumento de la aleatoriedad en la interfase sólido-solución durante el proceso de adsorción, lo cual sugiere que el dióxido de titanio adsorbido reemplaza algunas moléculas de agua de la solución previamente adsorbidas sobre la superficie del adsorbente.

4.3.10 Factor R_L

Los resultados obtenidos del factor de separación se muestran en la tabla siguiente:

Tabla 4.20 Factor de separación.

Muestra	C_0 (mmol/L)	B (mmol/g)	R_L
1	6.259	35.12	0.000657
2	9.389	35.12	0.000438
3	12.518	35.12	0.000328
4	18.778	35.12	0.000219
5	25.037	35.12	0.000164
6	31.297	35.12	0.000131
7	37.556	35.12	0.000109

De acuerdo con los resultados obtenidos, el factor de separación se encuentra en el rango de 0 y 1, lo que representa que el sistema de adsorción de TiO_2 y especies generadas de electrocoagulación como magnetita, goetita y lepidocrocita es favorable.

4.3.11 Cálculo de parámetros cinéticos

4.3.11.1 Cálculo de constante cinética y de adsorción

4.3.11.1.1 Muestra 1 TiO_2

En la tabla 4.21   se tienen la variación de los datos de tiempo contra concentración de TiO_2 para realizar el cálculo de los parámetros cinéticos.

Tabla 4.21 Datos tiempo-Concentración muestra 1 (Estudio cinético).

Tiempo (min.)	Concentración TiO_2 (g/L)
0	0.5
5	0.39
10	0.275
15	0.18
20	0.07
25	0.03
30	0.01

A los datos de la tabla 4.21 se les aplicó regresión exponencial obteniendo los siguientes datos mostrados en la tabla 4.22.

Tabla 4.22 Parámetros estadísticos obtenidos de la regresión.

R	0.9918
R^2	0.918
b	530
m	0.00805

Para encontrar la constante cinética de la reacción k y la constante de velocidad de adsorción K se usa la ecuación linealizada del modelo de Langmuir-Hinshelwood, ecuación (2.78) usando los datos experimentales mostrados en la tabla 4.23:

Tabla 4.23 Datos experimentales para usar la ecuación de Langmuir-Hinshelwood.

-dt/dC	1/C
23.52941176	2
30.16591252	2.56410256
42.78074866	3.63636364
65.35947712	5.55555556
168.0672269	14.2857143
392.1568627	33.3333333
1176.470588	100

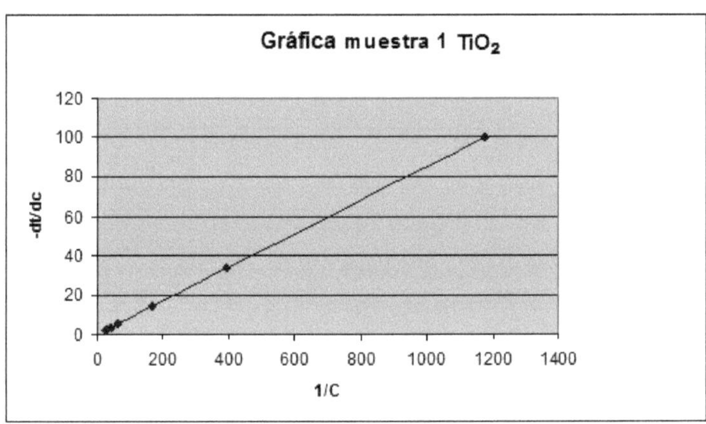

Figura 4.9 Gráfica de datos experimentales -dt/dC contra 1/C.

A los datos de la tabla 4.23 se aplica regresión lineal obteniendo los siguientes valores:

75

Tabla 4.24 Parámetros estadísticos obtenidos de la regresión.

R	1
R^2	1
b	6.45E-9
m	11.76

Aplicando las ecuaciones (2.82) y (2.83) se obtienen las constantes cinéticas mostradas en la tabla 4.25.

Tabla 4.25 Parámetros cinéticos muestra 1.

Constante cinética k	15.50 E4 g L^{-1} min^{-1}
Constante de adsorción K	5.5 E-7 L g^{-1}

De la tabla 4.26 tenemos que la constante cinética (k) es mayor que la constante de adsorción (K), lo que significa que el mecanismo controlante para el proceso de recuperación de TiO_2 con electrocoagulación es la velocidad de adsorción del dióxido de titanio (etapa 2 del proceso de adsorción) sobre la superficie de las especies generadas de electrocoagulación en vez de la velocidad de conversión de los mismos (etapa 3 del proceso de adsorción).

4.3.11.1.2 Muestra 2 TiO_2

En la tabla 4.26 se tienen la variación de los datos de tiempo contra concentración de TiO_2 para realizar el estudio cinético para la muestra 2 correspondiente a la concentración de 0.75 g/L.

Tabla 4.26 Datos tiempo-concentración muestra 2 (Estudio cinético).

Tiempo (min.)	Concentración TiO_2 (g/L)
0	0.75
5	0.62
10	0.46
15	0.32
20	0.22
25	0.11
30	0.06

A los datos de la tabla 4.26 se les aplicó regresión exponencial obteniendo los datos mostrados en la tabla 4.27.

Tabla 4.27 Parámetros estadísticos obtenidos de la regresión a la muestra 2.

R	0.9957
R^2	0.9913
B	0.793
M	0.0643

Para encontrar la constante cinética de la reacción k y la constante de velocidad de adsorción K se usa la ecuación linealizada del modelo de Langmuir-Hinshelwood (2.78) usando los datos experimentales mostrados en la tabla 4.29:

Tabla 4.28 Datos experimentales para usar la ecuación de Langmuir-Hinshelwood.

-dt/dc	1/C
20.7361327	1.33333333
25.0840315	1.61290323
33.808912	2.17391304
48.600311	3.125
70.6913615	4.54545455
141.382723	9.09090909
259.201659	16.6666667

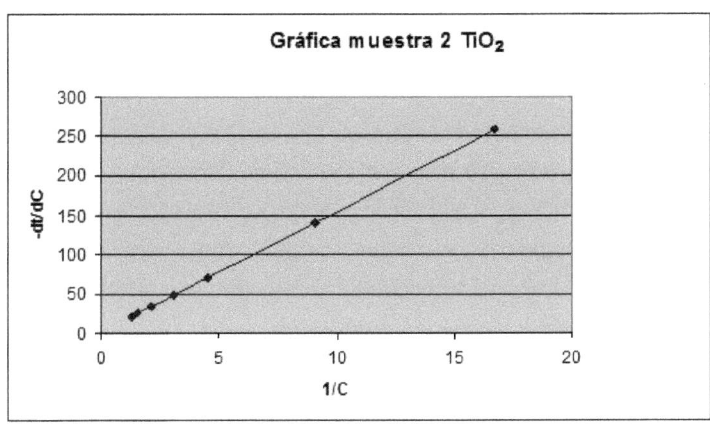

Figura 4.10 Gráfica de datos experimentales -dt/dC contra 1/C.

A los datos de la tabla 4.28 se les aplicó regresión lineal obteniendo los valores mostrados en la tabla 4.29.

Tabla 4.29   Parámetros estadísticos obtenidos de la regresión muestra 2.

R	1
R^2	1
b	9.44 E-8
m	15.55

Aplicando las ecuaciones (2.82) y (2.83) se obtienen las constantes cinéticas mostradas en la tabla 4.30.

Tabla 4.30   Parámetros cinéticos muestra 2.

Constante cinética k	10.59 E3 mg L^{-1} min^{-1}
Constante de adsorción K	6E-6 L mg^{-1}

De la tabla 4.30 tenemos que la constante cinética (k) es mayor que la constante de adsorción (K), lo que significa que el mecanismo controlante para el proceso de recuperación de TiO_2 con electrocoagulación es la velocidad de adsorción del dióxido de titanio (etapa 2 del proceso de adsorción) sobre la superficie de las especies generadas de electrocoagulación, desplazando a la velocidad de reacción de los mismos (etapa 3 del proceso de adsorción).

4.3.11.1.3 Muestra 3 TiO_2

En la tabla 4.31 se tienen la variación de los datos de tiempo contra concentración de TiO_2 para realizar el estudio cinético para la muestra de dióxido de titanio correspondiente a 1 g/L.

Tabla 4.31 Datos tiempo-concentración muestra 3 (Estudio cinético).

Tiempo (min.)	Concentración TiO_2 (g/L)
0	1
5	0.76
10	0.52
15	0.34
20	0.22
25	0.15
30	0.04

A los datos de la tabla 4.31 se les aplicó regresión exponencial obteniendo los datos mostrado en la tabla 4.32:

Tabla 4.32 Parámetros estadísticos obtenidos de la regresión

Muestra 3.

R	0.9977
R^2	0.9953
B	1.053
M	0.0748

Para encontrar la constante cinética de la reacción k y la constante de velocidad de adsorción K se usa la ecuación linealizada del modelo de Langmuir-Hinshelwood (2.78) usando los datos experimentales mostrados en la tabla 4.33:

Tabla 4.33 Datos experimentales para usar la ecuación de Langmuir-Hinshelwood muestra 3.

-dt/dc	1/C
15.5520995	1
20.4632889	1.31578947
29.9078837	1.92307692
45.7414692	2.94117647
70.6913615	4.54545455
103.680664	6.66666667
388.802488	25

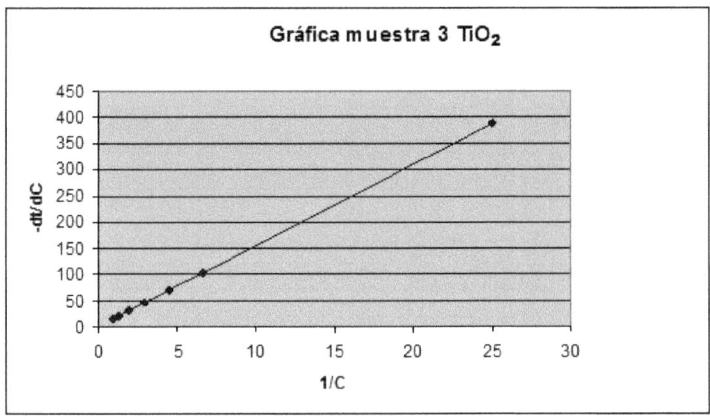

Figura 4.11 Gráfica de datos experimentales -dt/dC contra 1/C.

A los datos de la tabla 4.33 se aplica regresión lineal obteniendo los valores mostrados en la tabla 4.34:

Tabla 4.34 Parámetros estadísticos obtenidos de la regresión muestra 3.

R	1
R^2	1
B	4.81 E-9
M	15.55

Aplicando las ecuaciones (2.82) y (2.83) se obtienen las constantes cinéticas.

Tabla 4.35 Parámetros cinéticos muestra 3.

Constante cinética k	20.8E4 mg L^{-1} min^{-1}
Constante de adsorción K	3.09 E-7 L mg^{-1}

En la tabla 4.35 podemos verificar que la constante cinética (k) es mayor que la constante de adsorción (K), lo que significa que el mecanismo controlante para el proceso de recuperación de TiO_2 con electrocoagulación es la velocidad de adsorción del dióxido de titanio (etapa 2 del proceso de adsorción) sobre la superficie de las especies generadas de electrocoagulación, desplazando a la velocidad de conversión de los mismos (etapa 3 del proceso de adsorción).

4.3.11.2 Cálculo de orden de la reacción

El modelo más utilizado para describir la cinética del proceso fotocatalítico es el de Langmuir – Hinshenlwood. (Cassano, 1999). Para conocer el orden de la reacción se usa la ecuación (2.77) que es la expresión de la cinética de primer orden, su forma integrada es (($-\ln(C_f/C_o)=kt$). Al evaluar los datos cinéticos por medio de este modelo se obtuvieron los siguientes resultados.

4.3.11.2.1 Muestra 1

Para calcular el orden de la reacción se calcula $\ln(C_f/C_0)$, donde C_f es la concentración final y C_o es la concentración inicial, posteriormente los datos de $\ln(C_f/C_o)$ y tiempo se les aplica regresión lineal para conocer el coeficiente de correlación y de esta forma verificar el orden de la reacción 1.

Tabla 4.36 Datos para determinar el orden de reacción.

Tiempo	C_f	C_o	C_f/C_o	$-\ln(C_f/C_0)$
0	0.5	0.5	1	0
5	0.39	0.5	0.78	0.320
10	0.275	0.5	0.75	0.734
15	0.18	0.5	0.36	0.950
20	0.07	0.5	0.14	1.080
25	0.03	0.5	0.06	1.327
30	0.01	0.5	0.02	1.623

Los datos obtenidos de la regresión lineal se tienen en la tabla siguiente:

Tabla 4.37 Resultados obtenidos de la regresión lineal.

Pendiente	0.0516
Ordenada al origen	0.0875
R	0.990
R^2	0.980

La gráfica resultante de la regresión lineal se muestra en la figura 4.12.

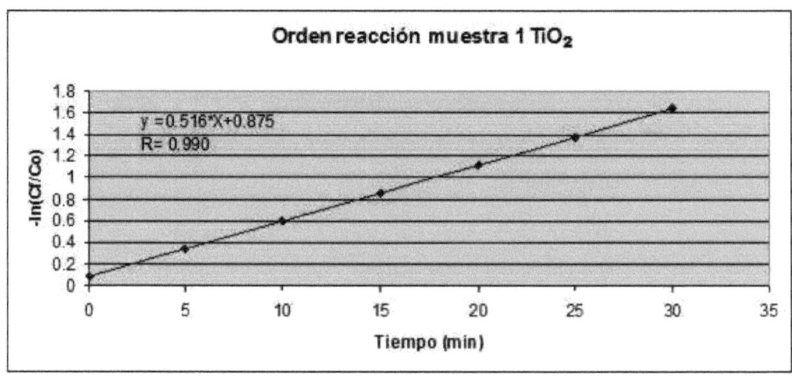

Figura 4.12   Evaluación de la cinética de primer orden.

Estos resultados verifican que los datos obtenidos se ajustan a un modelo de orden 1.

4.3.10.2.2 Muestra 2

Para calcular el orden de la reacción se calcula $\ln(C_f/C_0)$, donde C_f es la concentración final y C_o es la concentración inicial, posteriormente los datos de $\ln(C_f/C_o)$ y tiempo se les aplica regresión lineal para conocer el coeficiente de correlación y de esta forma verificar el orden de la reacción 1.

Tabla 4.38 Datos para determinar el orden de reacción.

Tiempo (min)	C_f (g/L)	C_o (g/L)	C_f/C_o	$-\ln(C_f/C_0)$
0	0.75	0.75	1	0
5	0.62	0.75	0.8267	0.1904
10	0.46	0.75	0.6133	0.4888
15	0.32	0.75	0.4267	0.8518
20	0.22	0.75	0.2933	1.2264
25	0.11	0.75	0.1467	1.9196
30	0.06	0.75	0.080	2.5257

Los datos obtenidos de la regresión lineal se tienen en la tabla siguiente:

Tabla 4.39 Resultados obtenidos de la regresión lineal.

Pendiente	0.0679
Ordenada al origen	0.0725
R	0.950
R^2	0.90

La gráfica resultante de la regresión lineal se muestra en la figura 4.13

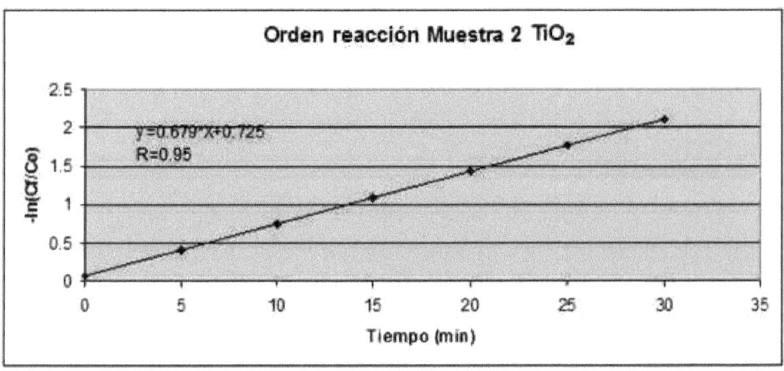

Figura 4.13   Evaluación de la cinética de primer orden.

Estos resultados verifican que los datos obtenidos se ajustan a un modelo de orden 1.

4.3.10.2.3 Muestra 3

Para conocer el orden de la reacción se calcula $\ln(C_f/C_0)$, donde C_f es la concentración final y C_o es la concentración inicial, posteriormente los datos junto con el tiempo se les aplica regresión lineal para conocer el coeficiente de correlación y de esta forma verificar el orden de la reacción 1.

Tabla 4.40 Datos para determinar el orden de reacción.

Tiempo (min)	C_f (g/L)	C_o (g/L)	C_f/C_o	$-\ln(C_f/C_0)$
0	1	1	1	0
5	0.76	1	0.76	0.27443685
10	0.52	1	0.52	0.65392647
15	0.34	1	0.34	1.07880966
20	0.22	1	0.22	1.51412773
25	0.15	1	0.15	1.89711998
30	0.04	1	0.04	3.21887582

Los datos obtenidos de la regresión lineal se tienen en la tabla siguiente:

Tabla 4.41 Resultados obtenidos de la regresión lineal.

Pendiente	0.0781
Ordenada al origen	0.1285
R	0.930
R^2	0.883

La gráfica resultante de la regresión lineal se muestra en la figura 4.14.

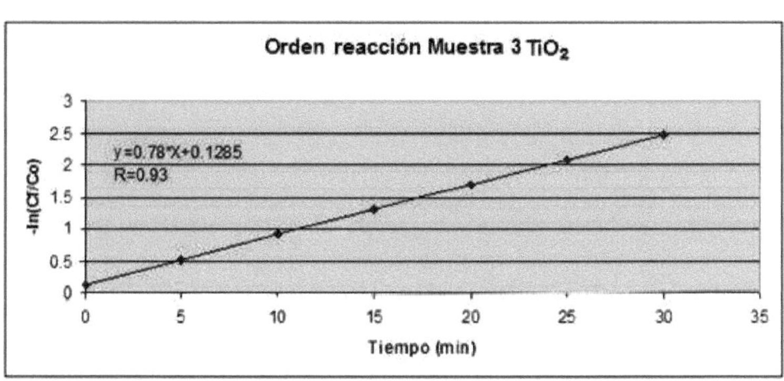

Figura 4.14 Evaluación de la cinética de primer orden.

85

Estos resultados verifican que los datos obtenidos se ajustan a un modelo de orden 1.

4.4 Resultados obtenidos de la electrocoagulación de As

4.4.1 Resultados obtenidos de las muestras acuosas

Los resultados obtenidos de la remoción de arsénico de la muestras liquidas de EC para el primer grupo de pruebas para realizar los cálculos de adsorción se muestra en la tabla 4.42.

Tabla 4.42   Resultados para el primer grupo de pruebas (Estudio de adsorción).

Muestra	$[As]_{inicial}$ (ppm)	$[As]_{Final}$ (ppm)	% Recuperado
1	1	0.04	96
2	2	0.04	98
3	5	0.1	98
4	7	0.35	95
5	13	0.39	97
6	20	0.4	98
7	30	0.3	99

En las siguientes gráficas se muestran los resultados obtenidos en la tabla 4.42.

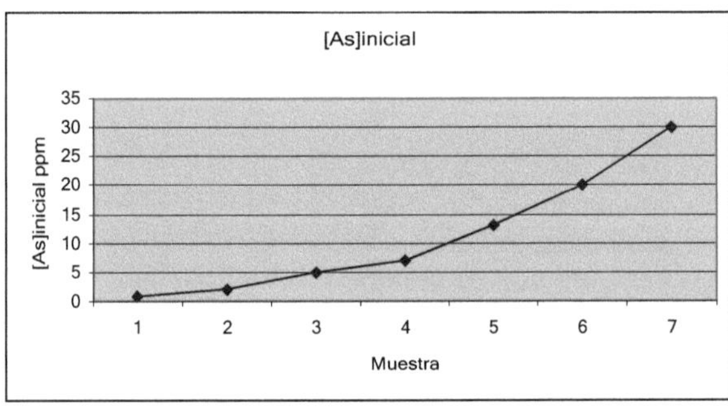

Figura 4.15 Concentración inicial de As (ppm) y número de muestra.

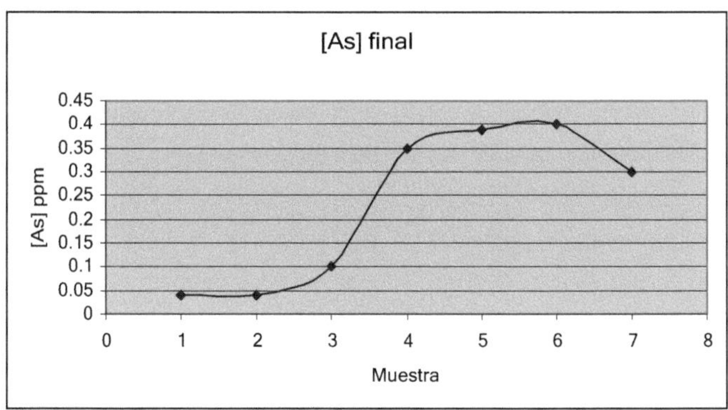

Figura 4.16 Concentración final de As (ppm).

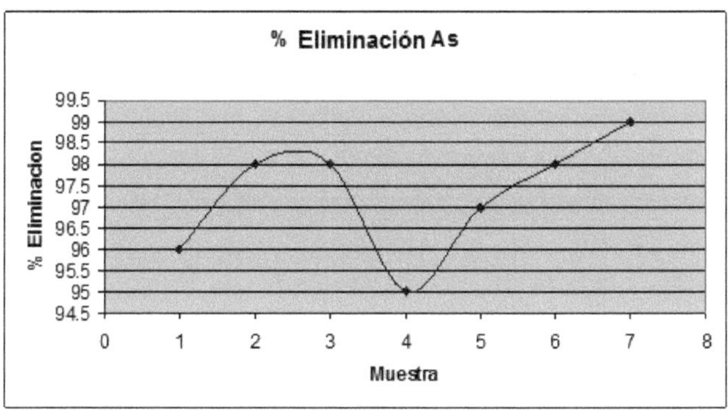

Figura 4.17 % eliminación obtenido para cada muestra de As.

Con los resultados obtenidos para el primer grupo de pruebas (para realizar el análisis termodinámico) se verifica la eficiencia del proceso de electrocoagulación, teniendo una remoción máxima del 99 % de arsénico. Este comportamiento es consistente a la aplicación de densidad de corriente para cada muestra, siendo la eliminación del arsénico mayor para la muestra 7, la cual tiene la mayor corriente aplicada. El aumento en la remoción del arsénico, al aumentar la densidad de corriente, se debe al incremento en la generación de hidróxidos fierro al pasar mayor cantidad de corriente por los electrodos, aumentando la probabilidad de interacción entre las especies generadas por EC y el arsénico en el agua. El aumento en la remoción del arsénico también se puede explicar mediante la intensidad del campo eléctrico (esta intensidad varía según la separación de los electrodos, tomando en cuenta las remociones obtenidas la separación es óptima) si la intensidad del campo eléctrico aumenta, la atracción electrostática también aumenta y la remoción del metal disminuye, recíprocamente, cuando la intensidad disminuye, la atracción catódica disminuye, aumentando así la remoción del metal.

Además esta es una de las ventajas de este proceso sobre los métodos tradicionales de eliminación de metales pesados como la precipitación química, la cual no remueve completamente el arsénico, por lo tanto es alternativa viable para eliminar este contaminante.

Los resultados obtenidos para el segundo grupo de pruebas (para obtener los datos cinéticos variando la concentración con el tiempo) se muestran en las tablas 4.43 (5 ppm) y 4.44 (10 ppm), en estas pruebas se tomó una muestra cada 2 minutos hasta completar 10, para cada tiempo se muestra el porciento acumulado, hasta llegar al valor máximo de eliminación obtenido (99 %) que en este caso se obtuvo a los 10 minutos de operación.

Tabla 4.43 Resultados grupo 2 de pruebas muestra 5 ppm (Estudio cinético).

Muestra 1	Tiempo (min)	$[As]_{inicial}$ (ppm)	$[As]_{final}$ (ppm)	% Eliminado As
1	0	5	5	0
2	2	5	3.8	24
3	4	5	2.6	48
4	6	5	1.85	63
5	8	5	0.95	81
6	10	5	0.045	99.1

En las figuras 4.18 y 4.19 se muestran los datos obtenidos en forma gráfica.

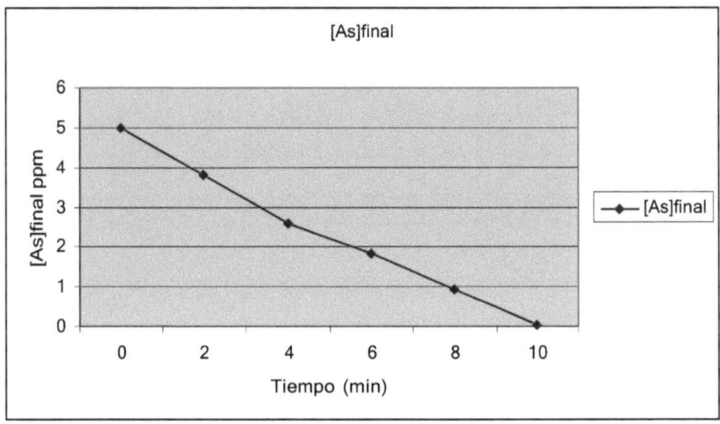

Figura 4.18 Concentración inicial de As, muestra 5 ppm.

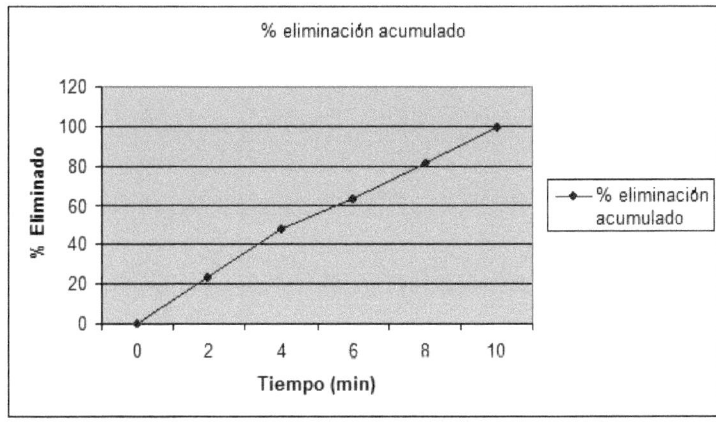

Figura 4.19 % eliminación en función de tiempo de la muestra de 5 ppm.

En la tabla 4.44 se muestran los resultados obtenidos para la muestra 2, correspondiente a una concentración de 10 ppm de As.

Tabla 4.44   Resultados grupo 2 de pruebas muestra 10 ppm (Estudio cinético).

Muestra 1	Tiempo (min)	[As]$_{inicial}$ (ppm)	[As]$_{final}$ (ppm)	% Eliminado
1	0	10	10	0
2	2	10	7.9	21
3	4	10	5.7	43
4	6	10	3.4	66
5	8	10	1.6	84
6	10	10	0.05	99.5

Los datos obtenidos para la muestra 2 se muestran gráficamente en las figuras 4.20 y 4.21.

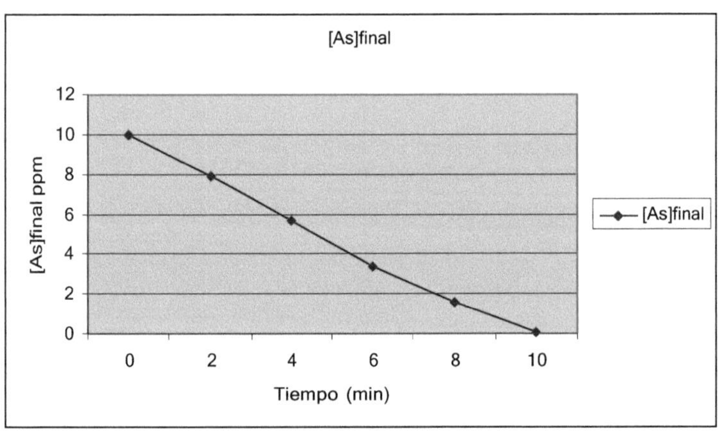

Figura 4.20 Concentración final muestra 10 ppm As.

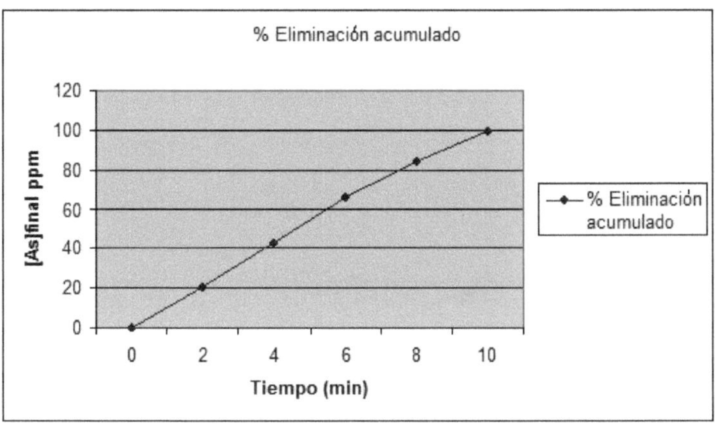

Figura 4.21   % eliminación de As, muestra 10 ppm.

Para este grupo de pruebas (para realizar el análisis cinético variando concentración-tiempo, tablas 4.43 y 4.44), se tiene un % de eliminación para la muestra 1 (5 ppm) de 99.1 % y para la muestra 2 (10 ppm) de 99.55 %. Las eliminaciones obtenidas tienen el mismo comportamiento que el primer grupo de pruebas (tabla 4.42), la mayor cantidad de densidad de corriente aplicada corresponde al mayor % de recuperación, esto se debe a la mayor generación de hidróxidos de fierro para adsorber el arsénico y de esta forma eliminar este contaminante del agua.

Con estos resultados, se confirma la alta eficiencia de este proceso electroquímico (EC) sobre las técnicas convencionales de eliminación de metales pesados como la precipitación química, siendo por lo tanto una alternativa viable, segura y económica para eliminar el arsénico de agua contaminada. Las concentraciones usadas son las recomendadas para realizar el estudio termodinámico y cinético, para eliminar el arsénico de las muestras finales y dejarlas dentro de la norma para su descarga a efluentes, se recomienda volver a tratar estas muestras con EC durante 15 minutos.

4.4.2 Cálculo de la densidad de corriente

La densidad de corriente se calcula usando la ecuación (2.47). Los resultados se muestran en la tabla 4.45. Los datos corresponden al primer grupo de pruebas.

Tabla 4.45 Densidad de corriente grupo 1 (Estudio adsorción).

Muestra	Área (cm^2)	Corriente (Amps)	Densidad de corriente (Amp/cm^2)
1	36	0.41	0.01138889
2	36	0.46	0.01277778
3	36	0.49	0.01361111
4	36	0.41	0.01138889
5	36	0.46	0.01277778
6	36	0.51	0.01388889
7	36	0.75	0.02083333

Para el segundo grupo de pruebas los resultados obtenidos se muestran en la tabla 4.46.

Tabla 4.46 Densidad de corriente segundo grupo de pruebas (Estudio cinético).

Muestra	Área (cm^2)	Corriente (Amps)	Densidad de corriente (Amp/cm^2)
1	375	0.65	0.00173
2	375	0.63	0.00168

Los resultados obtenidos de densidad de corriente para estas dos series de pruebas son las adecuadas para lograr una óptima remoción del contaminante, los mejores valores reportados por otro autores se encuentran entre los 0.0010 a 0.0050 Amp/cm^2.

4.4.3 Disolución de los electrodos

Para conocer la cantidad de hidróxido de fierro disuelto de los electrodos se usa la siguiente ecuación:

$$W = \frac{(D * t * M)}{nF}$$

(4.1)

Los resultados obtenidos para el primer grupo de muestra se muestran en la tabla 4.47.

Tabla 4.47 Disolución de los electrodos grupo 1 (Estudio adsorción).

Muestra (ppm)	D (A/cm^2)	W(grs/cm^2)	grs	mgs
1	0.01138889	0.00066091	0.0238	23.8
2	0.01277778	0.00074151	0.0267	26.7
3	0.01361111	0.00078987	0.0284	28.4
4	0.01138889	0.00066091	0.0238	23.8
5	0.01277778	0.00074151	0.0267	26.7
6	0.01388889	0.00080599	0.0290	29
7	0.02083333	0.00120898	0.0435	43.52

La cantidad de hidróxido de fierros disuelto de los electrodos es función de la densidad de corriente aplicada a los electrodos, siendo mayor para las muestras con mayor densidad de corriente aplicada, lo que concuerda con la aplicación de la ley de Faraday.

Para el segundo grupo de pruebas el resultado de la disolución de los electrodos se muestra en la tabla 4.48.

Tabla 4.48   Disolución de los electrodos grupo 2. (Estudio cinético).

Muestra (ppm)		D(A/cm^2)	W(grs/cm^2)	grs	mgs
1	5	0.00173	0.000604	0.226	226
2	10	0.00168	0.000585	0.219	219.36

De igual forma para el segundo grupo de muestras, a mayor cantidad de corriente aplicada, es mayor la disolución de los electrodos en hidróxidos de fierro.

4.4.4 Consumo de energía

El consumo de energía que se tiene en un reactor de electrocoagulación se puede calcular con la ecuación (2.49). Los resultados obtenidos se muestran en las tablas 4.50 y 4.51.

Tabla 4.49 Consumo de energía grupo 1. (Estudio adsorción).

Muestra	I (Amp)	V (volt)	t (hr)	E (KWhr)
1	0.41	8.5	0.83	0.000289
2	0.46	12.1	0.83	0.000462
3	0.49	10	0.83	0.000407
4	0.41	12.8	0.83	0.000436
5	0.46	10.7	0.83	0.000408
6	0.50	10.25	0.83	0.000425
7	0.75	6.68	0.83	0.000416

Tabla 4.50 Consumo de energía grupo 2. (Estudio cinético).

Muestra (ppm)		I (Amp)	V (volt)	t (hr)	E (KWhr)
1	5	0.65	15.43	0.5	0.00591
2	10	0.63	18.75	0.5	0.00501

De acuerdo con los datos obtenidos de las tablas 4.49 y 4.50 se tienen los consumos de energía, siendo esta otra ventaja de la electrocoagulación en comparación de las técnicas normales que se usan para la remoción de arsénico de aguas contaminadas como la electrodiálisis o la osmosis inversa, estas técnicas tienen % de remoción superiores al 85 %, pero tienen como principal desventaja los altos consumos de energía lo que aumenta su costo de operación.

4.4.5 Costo del tratamiento

Los costos de tratamiento para cada prueba de electrocoagulación tomando como base el precio de 3.32 pesos por KWhr se muestran en las tablas 4.51 y 4.52.

Tabla 4.51 Costo del tratamiento para cada muestra realizada del grupo de pruebas 1. (Estudio adsorción).

Muestra	Costo de energía ($)	E(KWhr)	C_E ($)
1	3.32	0.000289	0.000960
2	3.32	0.000462	0.00153
3	3.32	0.000407	0.00135
4	3.32	0.000436	0.00144
5	3.32	0.000408	0.00135
6	3.32	0.000425	0.00141
7	3.32	0.000416	0.00138

Tabla 4.52 Costo del tratamiento para cada muestra realizada del grupo de pruebas 2. (Estudio cinético).

	Muestra (ppm)	Costo de energía ($)	E(KWhr)	C_E ($)
1	5	3.32	0.00591	0.0196
2	10	3.32	0.00501	0.0166

De las tablas 4.51 y 4.52 podemos ver los costos usados para cada muestra, lo cual muestra una de las principales ventajas de la electrocoagulación, su bajo costo de operación comparado con otros sistemas químicos o biológicos (el costo de operación del proceso de EC es 60 – 70 % menor que otros procesos de tratamiento).

4.4.6 Número de moles adsorbidos por gramo de adsorbente

El número de moles adsorbidos por gramo de adsorbente lo calculamos mediante la ecuación (2.65). Los resultados obtenidos para la muestra 1 se muestran en la tabla 4.53.

Tabla 4.53 Número de moles adsorbidos.

Muestra	C_0 (mmol/l)	C (mmol/l)	m_c (grs)	N (mmol/g)	C/N
1	0.00725	0.000109	0.0238	0.105	0.00104
2	0.01450	0.000362	0.0267	0.185	0.00196
3	0.03623	0.000507	0.0284	0.440	0.00115
4	0.05072	0.001087	0.0238	0.730	0.00148
5	0.09420	0.002681	0.0267	1.200	0.00223
6	0.1493	0.006884	0.0290	1.666	0.00413
7	0.2174	0.009130	0.0435	1.676	0.00545

El número de moles adsorbidos varía según la concentración de As^{+5} y de la cantidad de hidróxido de fierro disuelto de los electrodos, esto se debe a la cantidad de corriente aplicada y a la concentración de las muestras en cada prueba, al tener mayor densidad de corriente aplicada aumenta la cantidad de hidróxido para realizarse la adsorción y en las muestras con menor corriente aplicada, la cantidad de hidróxido disuelto es menor. Este comportamiento lo podemos verificar en la ecuación siguiente (ecuación para calcular la cantidad de fierro disuelto):

$$W = \frac{(D * t * M)}{nF}$$

(4.2)

Donde podemos observar que la relación entre densidad de corriente (D) y la generación de hidróxidos de fierros (W) es directamente proporcional.

También al aumentar la concentración de arsénico la probabilidad es mayor para que se realice la adsorción, este comportamiento lo podemos ver en los resultados obtenidos en la tabla 4.53, al aumentar la concentración aumentan los moles adsorbidos de arsénico en las especies generadas de la electrocoagulación, este comportamiento, también se verifica con la ecuación siguiente (ecuación para calcular el número de moles adsorbidos):

$$N = V * \frac{Co - C}{m_c}$$

(4.3)

En esta ecuación podemos verificar que la relación entre la concentración de As^{+5} (Co y C) y N (número de moles adsorbidos) es directamente proporcional, lo que significa que al aumentar la concentración, aumenta N. La disminución en el % de remoción de arsénico también puede ser explicada debido a que disminuye la probabilidad de interacción del coagulante y los iones catiónicos cuando estos están a bajas concentraciones.

En la figura 4.22 se muestra la gráfica de la isoterma de adsorción de Langmuir,

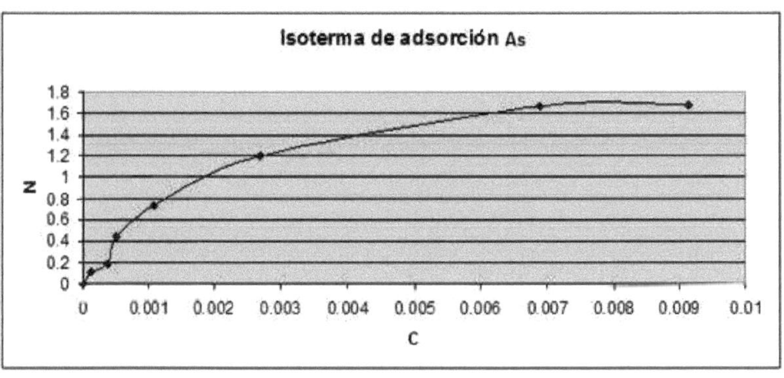

Figura 4.22 Isoterma de adsorción de As sobre hidróxidos de fierro.

C=Concentración final.

N= Número de moles adsorbidos.

Usando la ecuación (2.67) (ecuación linealizada de la isoterma de Langmuir) y graficando C/N con C (Figura 4.22), obtenemos los siguientes datos de la regresión lineal:

Tabla 4.54 Datos obtenidos de la regresión lineal de C/N vs C.

R	0.983
R^2	0.966
Ordenada	0.0011
Pendiente	0.4549

Sí el sistema sigue el comportamiento descrito por la isoterma de Langmuir, la gráfica del cociente C/N como función de la concentración de equilibrio C debe dar una línea recta de pendiente 1/Nmax y ordenada al origen 1/Knmax. Los resultados obtenidos son:

Tabla 4.55 Obtención de Nmax y K.

Nmax (mmol$_{As}$/g$_{Fe}$)	2.198
K (Lmmol^{-1})	413.6

El valor de N_{max} corresponde a la capacidad máxima de adsorción correspondiente a la monocapa totalmente cubierta sobre la superficie (mmol/g).

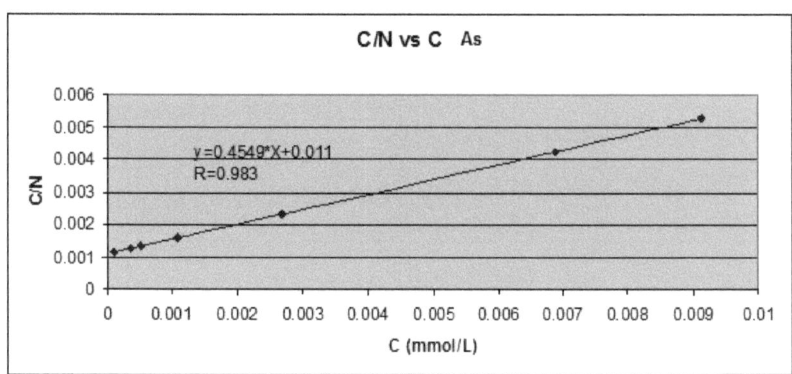

Figura 4.23 Gráfica de C/N vs. C. Se muestra la recta que mejor se ajusta a los datos. (C=Concentración final; N= Número de moles adsorbidos).

De acuerdo a los datos observados en la figura 4.23 podemos comprobar que los datos del sistema de adsorción siguen el comportamiento descrito por la isoterma de Langmuir (factor de correlación 0.983).

4.4.7 Área específica

Sí se conoce el área que ocupa cada molécula sobre la superficie del adsorbente es posible calcular el área específica del hidróxido de fierro (el área específica es el área superficial total de un gramo de adsorbente).

Para conocer el área específica se usó el método BET de adsorción de nitrógeno, el cual asume que el gas nitrógeno al licuarse y adsorberse sobre superficies sólidas llenara toda la superficie limpia disponible formando capas múltiples, los resultados obtenidos para la adsorción de nitrógeno se tienen en la tabla siguiente:

Tabla 4.56 Datos de adsorción de nitrógeno.

Presión Relativa Po/P	Cantidad Adsorbida (cm³/g)
0.28442521	53.9894756
0.56090098	60.3178407
0.87575582	67.1412891
1.18879493	73.9187064
1.50239687	80.2187533

En la figura siguiente tenemos la gráfica de la isoterma BET correspondiente a la adsorción de nitrógeno.

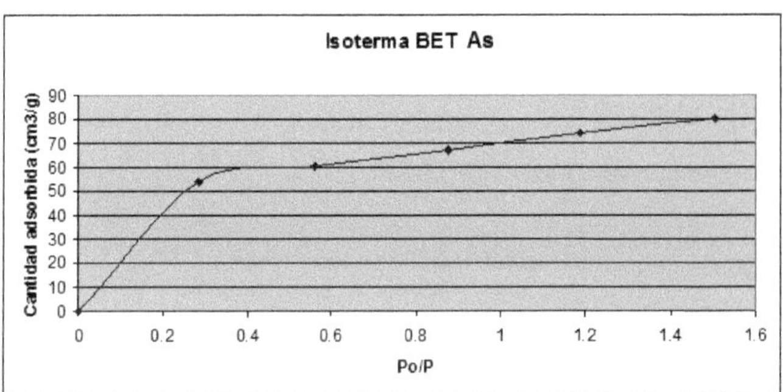

Figura 4.24 Gráfica BET.

Para calcular el área de superficie específica se grafican los datos obtenidos (tabla 4.58) usando la ecuación linealizada (2.68) BET, posteriormente se le aplican a los datos regresión lineal y usando las ecuaciones (2.72) y (2.73) se calcula el área específica.

Tabla 4.57 Datos para calcular área específica.

Presión Relativa Po/P	1/[Q(Po/P - 1)]
0.28442521	0.02792958
0.56090098	0.05237036
0.87575582	0.07906586
1.18879493	0.10549461
1.50239687	0.13386845

Tabla 4.58 Datos obtenidos de la regresión lineal.

Pendiente	0.0865
Ordenada al origen	0.0034
R	0.9999
R^2	0.9998

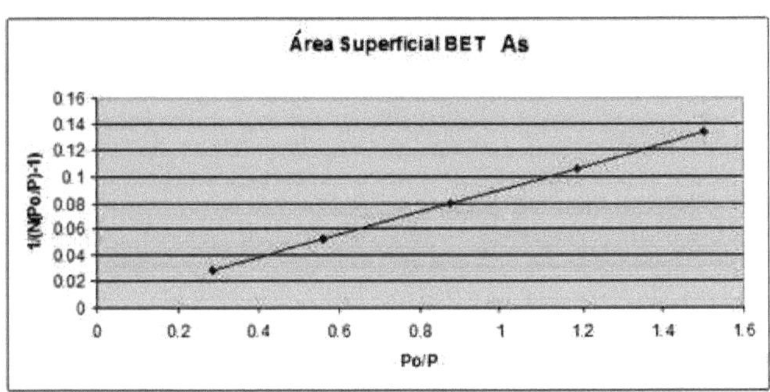

Figura 4.25 Recta obtenida para calcular el área específica usando el método BET.

El valor obtenido usando el método BET es 235 m^2/g. Este valor se encuentra dentro del intervalo usual para adsorbentes constituidos por partículas pequeñas y porosas, entre 10 y 1 000 m^2/g (Shoemaker)[58]. El valor del área específica determina también la capacidad de adsorción del adsorbente que se esté usando, en este caso las especies generadas de EC tales como la magnetita, goetita, lepidocrocita, etc. Esta capacidad de adsorción se comprueba con los porcientos de eliminación de arsénico obtenidos.

4.4.8 Fracción de superficie cubierta

De acuerdo a los resultados obtenidos de N y N_{max} se calcula la fracción de superficie cubierta Θ mediante la ecuación $\Theta =N/N_{max}$, los resultados obtenidos se muestran en la tabla 4.59.

Tabla 4.59 Obtención de Θ.

Muestra	N	N_{max}	Θ
1	0.1049659	2.1983	0.04775519
2	0.18523042	2.1983	0.08427226
3	0.44026842	2.1983	0.2003041
4	0.7299659	2.1983	0.33210459
5	1.19972317	2.1983	0.54582492
6	1.66604198	2.1983	0.75798088
7	1.67566217	2.1983	0.76235767

En la tabla 4.59 también se puede observar que la fracción de recubrimiento se acerca a 1 a medida que la concentración aumenta. En la figura siguiente se tienen los datos de Θ en forma gráfica.

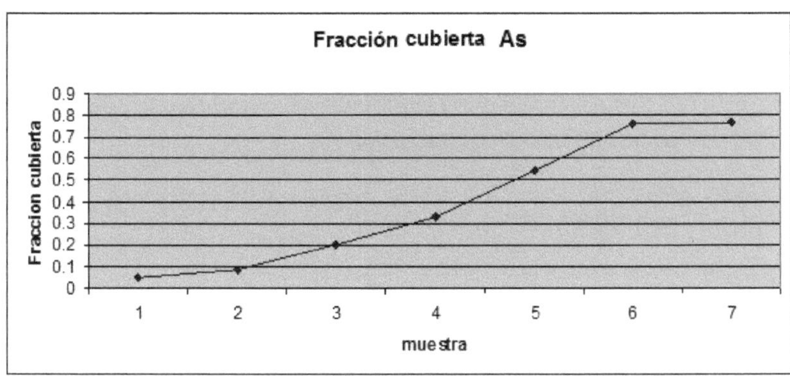

Figura 4.26 Fracción cubierta Θ.

4.4.9 Cálculo de parámetros termodinámicos

Aplicando las ecuaciones (2.74), (2.75) y (2.76) obtenemos los siguientes resultados de energía libre, entalpía y entropía para el proceso de adsorción usando las 7 concentraciones (1, 2, 5, 7, 13, 20 y 30 ppm de arsénico).

Tabla 4.60 Parámetros termodinámicos.

	Kcal/mol	Kj/mol
ΔG	-7.63206263	-37.2445
ΔH	-11.1929	-54.6215
	Kcal/mol K	KJ/mol K
ΔS	-0.011989	-0.05850

El valor negativo de ΔG presentado en la tabla confirma la viabilidad del proceso de adsorción y la naturaleza espontánea de la adsorción del As en las especies generadas de electrocoagulación. El valor negativo de ΔH indica la naturaleza exotérmica del proceso. El valor de ΔH de adsorción según la bibliografía corresponde a valores típicos de fisiadsorción (Los valores típicos de la entalpía de adsorción para la fisiadsorción es de -20 kj/mol y cerca de -200 kj/mol para la quimiadsorción[57]), siendo el valor obtenido de -54.6215 kJ/mol., por lo que el valor de ΔG se encuentra dentro del rango de la adsorción monocapa. El valor negativo de la ΔS refleja que no ocurre un cambio significativo en la estructura interna del adsorbente durante la adsorción de arsénico.

4.4.10 Cálculo de parâmetros cinéticos As

Para calcular los parámetros cinético se usó el segundo grupo de pruebas (tablas 4.63 y 4.68), con concentraciones de 5 ppm (muestra 1) y 10 ppm (muestra 2) de As.

4.4.10.1 Cálculo de las constantes cinéticas y constante de adsorción As
4.4.10.1.1 Muestra 1

Los datos tiempo- concentración para determinar las constantes cinéticas y de adsorción se muestran en las tablas siguientes.

Tabla 4.61 Datos tiempo-concentración muestra 1.

Tiempo (min)	[As] ppm
0	5
2	3.8
4	2.6
6	1.85
8	0.95
10	0.1

A los datos de la tabla 4.61 se les realiza regresión exponencial obteniendo los resultados mostrados en la tabla 4.62.

Tabla 4.62 Datos regresión exponencial.

R	0.9781
R^2	0.9556
A	5.2283
M	0.195

Aplicando la ecuación (2.85) se calcula la velocidad de reacción, para calcular las constantes cinéticas y de adsorción se usa la ecuación linealizada de Langmuir-Hinshelwood, los datos para realizar la regresión lineal se muestran en la tabla 4.63.

Tabla 4.63 Datos de velocidad de reacción.

-dC/dt	-dt/dC	1/C
0.9815	1.0188487	0.2
0.74594	1.3405904	0.26315789
0.51038	1.95932442	0.38461538
0.363155	2.75364514	0.54054054
0.186485	5.36236158	1.05263158
0.01963	50.942435	10

Los datos obtenidos de la regresión lineal se muestran en la tabla 4.64.

Tabla 4.64 Datos obtenidos de la regresión lineal.

R	0.9872
R^2	0.9743
a	1.604
M	2.7313

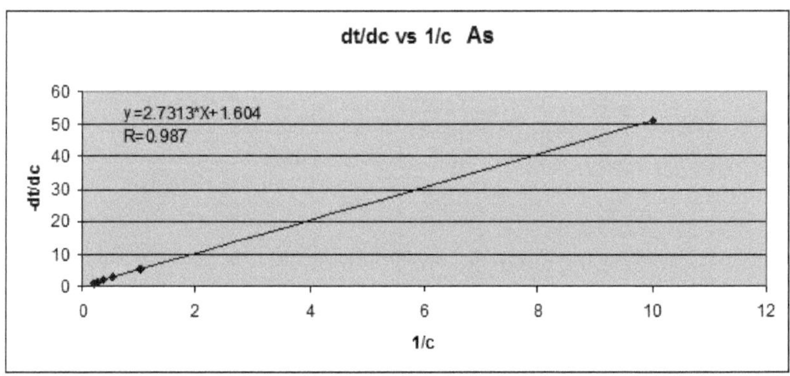

Figura 4.27 Gráfica de -dt/dc vs 1/c para obtener constantes cinéticas y de adsorción.

Usando las ecuaciones (2.82) y (2.83) se calculan las constantes cinéticas y de adsorción, los resultados se tienen en la tabla 4.65.

Tabla 4.65 Constantes cinéticas y de adsorción.

k (constante cinética) mgL^{-1}min^{-1}	0.6234414
K (constante de adsorción) Lmg^{-1}	0.58726614

Para esta muestra se observa que la constante cinética (k) es mayor que la constante de adsorción (K), lo que significa que el mecanismo controlante o la etapa más lenta para el proceso de adsorción arsénico-hidróxidos de fierro es la fisiadsorción o la velocidad de adsorción (etapa 2   del proceso de adsorción) en lugar de la velocidad de reacción en la superficie (etapa 3 del proceso de adsorción).

4.4.10.1.2 Muestra 2

La variación de los datos tiempo- concentración para determinar las constantes cinéticas y de adsorción para la muestra de arsénico correspondiente a una concentración de 10 ppm, se muestran en las tablas siguientes.

Tabla 4.66 Datos tiempo-concentración muestra 2.

Tiempo (min)	[As] ppm
0	10
2	7.9
4	5.7
6	3.4
8	1.6
10	0.05

A los datos de la tabla 4.66 se les realiza regresión exponencial obteniendo los resultados mostrados en la tabla 4.67.

Tabla 4.67 Datos regresión exponencial.

R	0.9711
R^2	0.9534
a	10.6381
m	0.1983

Donde:

R= coeficiente de correlación

R^2= coeficiente de correlación al cuadrado

a = ordenada al origen

m= pendiente.

Aplicando la ecuación (2.77) se calcula la velocidad de reacción (-dc/dt), para calcular las constantes cinéticas y de adsorción se usa la ecuación linealizada de Langmuir-Hinshelwood, ecuación (2.78), los datos para realizar la regresión lineal se muestran en la tabla 4.68.

Tabla 4.68 Datos velocidad de reacción para realizar la regresión lineal.

-dC/dt	-dt/dC	1/C
1.9830	0.5042	0.1
1.5666	0.6383	0.1265
1.1303	0.8847	0.1754
0.6742	1.4831	0.2941
0.3173	3.1517	0.6250
0.00992	100.857	20

Los datos obtenidos de la regresión lineal se muestran en la tabla 4.71

Tabla 4.69 Datos obtenidos de la regresión lineal.

R	0.9872
R^2	0.9772
a	15.1885
m	5.3485

Donde:

R= coeficiente de correlación

R^2= coeficiente de correlación al cuadrado

a = ordenada al origen

m= pendiente.

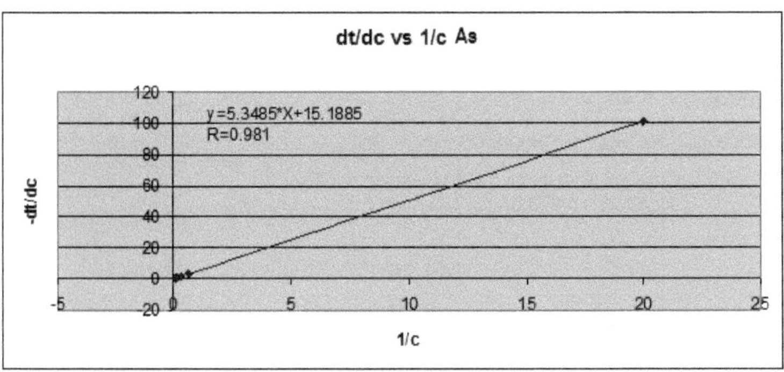

Figura 4.28 Gráfica de -dt/dc vs 1/c para obtener constantes cinéticas y de adsorción.

Usando las ecuaciones (2.82) y (2.83) se calculan las constantes cinéticas y de adsorción, los resultados se tienen en la tabla 4.70.

Tabla 4.70 Constantes cinéticas y de adsorción.

K (constante cinética) mgL^{-1}min^{-1}	0.08333333
K (constante de adsorción) Lmg^{-1}	2.83976816

Para esta muestra se observa que la constante cinética (k) es menor que la constante de adsorción (K), lo que significa que el mecanismo controlante o la etapa más lenta para el proceso de adsorción arsénico-hidróxidos de fierro es la velocidad de reacción en la superficie (etapa 3 del proceso de adsorción) en lugar de la fisiadsorción o velocidad de adsorción (etapa 2 del proceso de adsorción).

4.4.10.2   Evaluación de la orden de reacción

El modelo más utilizado para describir la cinética del proceso de adsorción es el de Langmuir – Hinshenlwood. (Cassano, 1999). Para conocer el orden de la reacción se usa la ecuación (2.77) que es la expresión de la cinética de primer orden, su forma integrada es (($-\ln(C_f/C_o)=kt$). Al evaluar los datos cinéticos por medio de este modelo se obtuvieron los siguientes resultados.

4.4.10.2.1 Muestra 1

Para conocer el orden de la reacción se calcula $\ln(C_f/C_0)$, donde C_f es la concentración final y C_0 es la concentración inicial, posteriormente los datos obtenidos se les aplica regresión lineal para conocer el coeficiente de correlación y de esta forma verificar el orden de la reacción 1.

Tabla 4.71 Datos para determinar el orden de reacción.

Tiempo (min)	C_f (ppm)	C_0 (ppm)	C_f/C_0	$-\ln(C_f/C_0)$
0	5	5	1	0
2	3.8	5	0.76	-0.27443685
4	2.6	5	0.52	-0.65392647
6	1.85	5	0.37	-0.99425227
8	0.95	5	0.19	-1.66073121
10	0.1	5	0.02	-3.91202301

Los datos obtenidos de la regresión lineal se tienen en la tabla siguiente:

Tabla 4.72 Resultados obtenidos de la regresión lineal.

M	0.4141
A	-0.9855
R	0.976
R^2	0.9596

Donde:

R= coeficiente de correlación

R^2= coeficiente de correlación al cuadrado

a = ordenada al origen

m= pendiente.

La gráfica resultante de la regresión lineal se muestra en la figura 4.29.

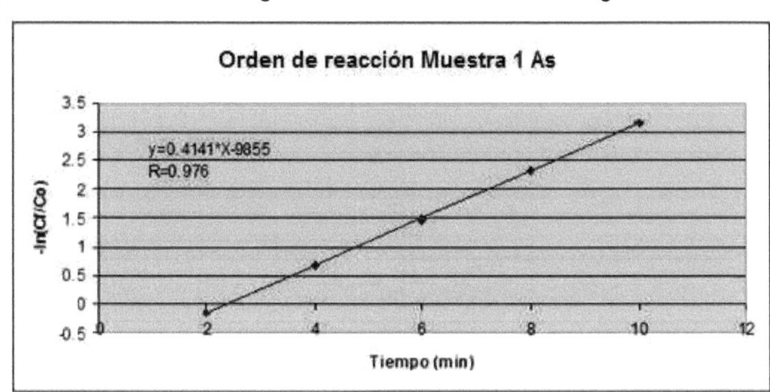

Figura 4.29 Gráfica $-\ln(C_f/C_o)$ vs tiempo para determinar el orden de reacción.

Estos resultados verifican que los datos obtenidos se ajustan a un modelo de orden 1.

4.4.10.2.2 Muestra 2

Para calcular el orden de la reacción se calcula $\ln(C_f/C_0)$, donde C_f es la concentración final y C_o es la concentración inicial, posteriormente los datos de $\ln(C_f/C_o)$ y tiempo se les aplica regresión lineal para conocer el coeficiente de correlación y de esta forma verificar el orden de la reacción 1.

Tabla 4.73 Datos para determinar el orden de reacción.

Tiempo (min)	C_f (ppm)	C_o (ppm)	C_f/C_o	$-\ln(C_f/C_0)$
0	10	10	1	0
2	7.9	10	0.79	0.23572233
4	5.7	10	0.57	0.56211892
6	3.4	10	0.34	1.07880966
8	1.6	10	0.16	1.83258146
10	0.05	10	0.005	5.29831737

Los datos obtenidos de la regresión lineal se tienen en la tabla siguiente:

Tabla 4.74 Resultados obtenidos de la regresión lineal.

Pendiente	0.4543
Ordenada al origen	-0.771
R	0.943
R^2	0.889

La gráfica resultante de la regresión lineal se muestra en la figura 4.30.

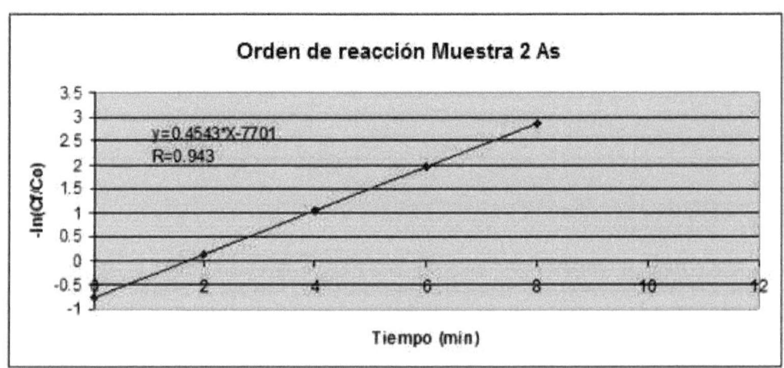

Figura 4.30 Gráfica -ln(C_f/C_o) vs tiempo para determinar el orden de reacción.

Estos resultados verifican que los datos obtenidos se ajustan a un modelo de orden 1.

4.5 Comparación de Isotermas de adsorción

Para verificar que la isoterma de Langmuir es la que mejor ajusta los datos de adsorción se usaron otras 2 isotermas, se comparo el factor de correlación, la isoterma que mejor ajuste los datos es la que tenga el mejor coeficiente de correlación, además se considero otro parámetro estadístico, el % desviación promedio absoluto, la isoterma que tenga el menor % de desviación es la que ajustara mejor los datos Las otras isotermas usadas son la de Freundlich y D-R

(Dubinin-Radushkevich) debido a que después de Langmuir son las isotermas más usadas en los proceso de adsorción.

4.5.1 Comparación de isotermas usando los datos de adsorción del TiO_2

Tabla 4.75 Isoterma de Langmuir.

Isoterma de Langmuir				
R	R^2	% Desviación	K (Lmmol^{-1})	Nmax (mmolg^{-1})
0.994	0.988	0.0023	35.12	96

Los valores mostrados en la tabla 4.75 son los reportados en las tablas anteriores, y son los valores que se usaron para calcular K (constante de Langmuir), a partir de este valor se calcularon los parámetros termodinámicos, también se Cálculo la Nmax, que es la máxima capacidad de adsorción en este caso del dióxido de titanio sobre las partículas generadas de EC en este caso la magnetita.

Tabla 4.76 Isoterma de Freundlich.

Isoterma de Freundlich				
R	R^2	% Desviación	K ($L^{1/n}mmol^{1-1/n}g^{-1}$)	N
0.989	0.978	4.5568	52.0114	1.42

Para calcular la K a partir de la isoterma de Freundlich se usó la ecuación (2.61), los resultados estadísticos se obtuvieron usando el programa sigmaplot, este programa incluye la función exponencial para poder calcular K y n la cual es la intensidad de adsorción y es un parámetro que nos indica cuando el sistema de adsorción es favorable cuando n>1, por lo tanto y de acuerdo al valor obtenido de n (1.42) el sistema de adsorción dióxido de titanio-hidróxidos de fierro representa condiciones favorables de adsorción.

Tabla 4.77   Isoterma D-R.

Isoterma de D-R				
R	R^2	% Desviación	K (mol^2kJ^{-2})	Nmax
0.971	0.942	5.631	3.155	442.611

Para calcular la K de la isoterma D-R primero se calcula ε   (potencial de Polanyi igual a RT ln $(1+1/C_e)$.). También se usó el asistente estadístico del programa sigmaplot, obteniendo los valores mostrados, Nmax es la capacidad teórica de saturación y K es relacionada a la energía de adsorción.

Al revisar los valores de los coeficiente de correlación obtenidos y de los % de desviación reportados en las tablas anteriores se observa que la isoterma de Langmuir es la que mejor ajusta los datos experimentales, tanto por el coeficiente de correlación que es mejor en los 3 casos y también de que presente el menor % de desviación de error promedio, comprobando con estos datos el mayor usó de la isoterma de Langmuir para los cálculos de adsorción y para conocer los parámetros termodinámicos.

4.5.2 Comparación de Isotermas usando los datos de adsorción del As

Tabla 4.78 Isoterma de Langmuir.

Isoterma de Langmuir				
R	R^2	% Desviación	K	N_{max}
0.983	0.966	0.0003	413.6	2.198

Estos valores son los reportados en las tablas 4.69 y 4.70, son los resultados de la regresión lineal aplicando la forma lineal de la isoterma de Langmuir, a partir de estos datos se calcula la K, la cual se usó para conocer los parámetros termodinámicos, también se Cálculo a partir de los resultados de la regresión lineal la Nmax es la máxima capacidad de adsorción en este caso del arsénico sobre las partículas generadas de EC en este caso la magnetita.

Tabla 4.79 Isoterma de Freundlich.

Isoterma de Freundlich				
R	R^2	% Desviación	$K\ (L^{1/n}mmol^{1-1/n}g^{-1})$	n
0.980	0.960	0.1559	17.33	2.082

La ecuación de Freundlich es una ecuación empírica usada para describir sistemas heterogéneos, la cual es caracterizada por el factor de heterogeneidad 1/n, (ecuación 2.61). El valor de n representa la intensidad de adsorción y cuando n>1 nos indica que el sistema de adsorción es favorable, por lo tanto y de acuerdo al valor obtenido (2.082) el sistema de adsorción arsénico-hidróxidos de fierro generados de la EC representa condiciones favorables. Los parámetros estadísticos se obtuvieron aplicando regresión lineal a los datos experimentales usando el programa sigmaplot.

Tabla 4.80 Isoterma D-R.

Isoterma de D-R				
R	R^2	% Desviación	K	Nmax
0.910	0.828	0.1553	4.70	17.53

La isoterma D-R es más general que la isoterma de Langmuir, debido a que no supone una superficie homogénea. Para conocer K y Nmax, primero se calcula el potencial de Polanyi, este se gráfica con N y se obtienen aplicando regresión lineal los parámetros estadísticos.

Al comparar los resultados obtenidos, podemos observar que en ambos casos, las isotermas de Freundlich y la D-R tienen coeficientes de correlación menores a la isoterma de Langmuir, en el caso del % de desviación, la isoterma que mejor ajuste los datos es la que tenga el % menor, siendo este caso también la isoterma de Langmuir. Con estos resultados se verifica que la isoterma de Langmuir es la que mejor ajusta los datos experimentales.

4.6 Caracterización del producto sólido obtenido de EC con TiO$_2$
4.6.1 Caracterización del producto sólido obtenido de EC con TiO$_2$ usando difracción de R-X

Después de la filtración, el producto sólido se seco en un horno a 90 grados centígrados, posteriormente se analizó en el microscopio electrónico de barrido y difracción de rayos X con el fin de comprobar la presencia de dióxido de titanio y las especies generadas de electrocoagulación.

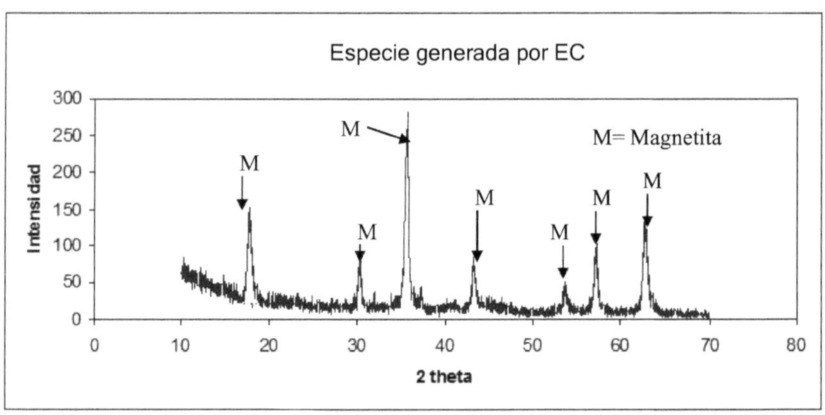

Figura 4.31 Patrón de difracción de magnetita generada por EC.

En la figura 4.31 tenemos el patrón de difracción realizado al producto solido obtenido de una prueba de EC sin ningún otro componente en el medio acuoso, únicamente se generaron especies de EC, con el fin de identificar la especie generada, esta especie se identificó como magnetita.

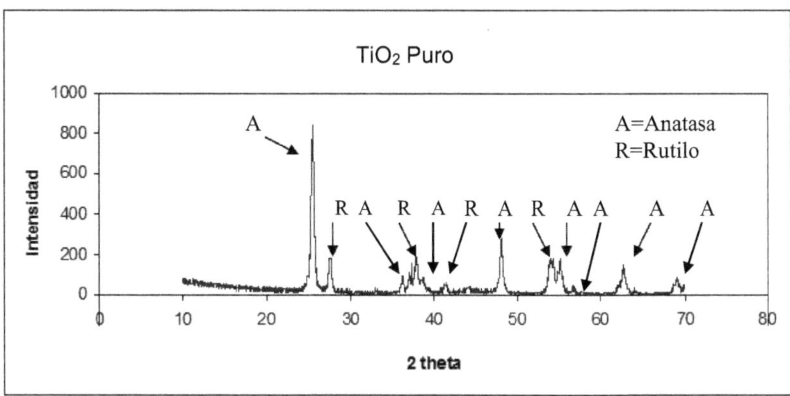

Figura 4.32 Patrón de difracción de dióxido de titanio.

Después se realizó el difractógrama únicamente al dióxido de titanio usado en la pruebas de oxidación de cianuro, para identificar las fases presentes, se identificaron la anatasa y el rutilo (figura 4.32).

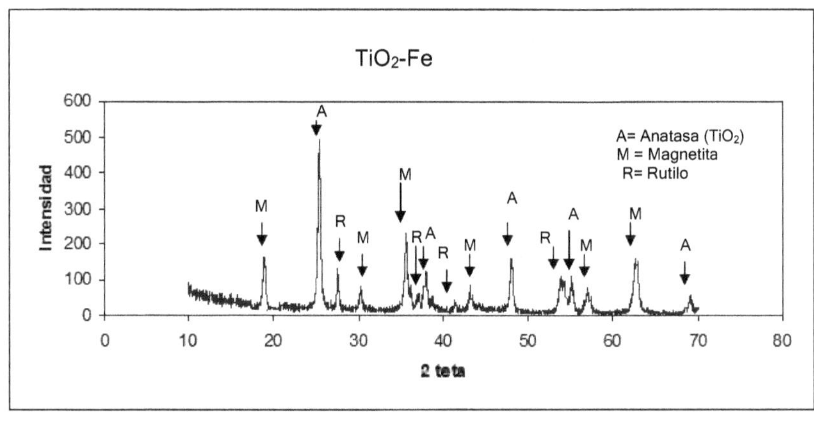

Figura 4.33 Patrón de difracción del dióxido de titanio con magnetita.

Posteriormente, se realizo la caracterización del producto sólido de la recuperación del dióxido de titanio con EC identificando las siguientes fases: como especie generada de electrocoagulación: magnetita. Del dióxido de titanio se identificaron dos fases, la anatasa y el rutilo, siendo la anatasa la que se encuentra en mayor cantidad, debido a que la mayoría de picos identificados corresponden a esta fase, siendo esta la que más se usa en los procesos de fotocatálisis y en menor cantidad rutilo (figura 4.33).

4.6.2 Caracterización del producto sólido obtenido de EC con TiO_2 usando el Microscopio Electrónico de Barrido

Posteriormente se analizó el producto sólido obtenido del proceso de electrocoagulación utilizando el Microscopio electrónico de barrido, las micrografías obtenidas se muestran en las siguientes figuras.

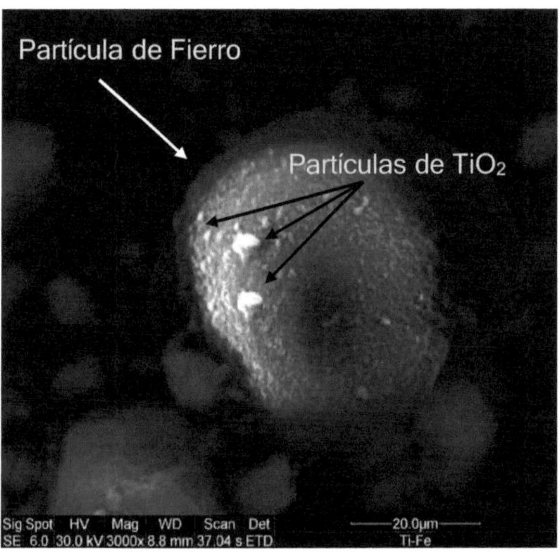

Figura 4.34 Partícula de fierro con TiO_2 adsorbida en su superficie.

En las figuras 4.34 y 4.35 se muestran las micrografías obtenidas con la técnica de microscopia electrónica de barrido, en las cuales se observan las partículas de fierro generada por EC, estas partículas se encuentran en mayor cantidad y tamaño, sobre estas partículas están adsorbidas las partículas de dióxido de titanio que se van a recuperar para reusarlas en la oxidación fotocatalítica del cianuro.

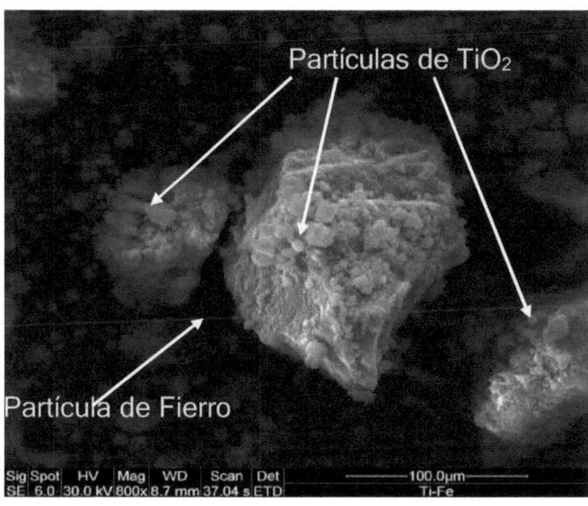

Figura 4.35 Partícula de fierro con TiO$_2$ impregnado en su superficie.

Las micrografías con esta técnica nos muestran las partículas porosas de especies generadas de electrocoagulación como magnetita, lepidocrocita, goetita, impregnadas con dióxido de titanio.

Para verificar que las especies presentes son fierro en mayor cantidad y sobre estas adsorbidas las partículas de dióxido de titanio se realizo el análisis químico por rayos X de energía dispersiva (EDAX), (Figura 4.36), de esta forma se comprueba que el dióxido de titanio se encuentra en menor cantidad y están adsorbidas sobre las partículas de magnetita generadas de la EC.

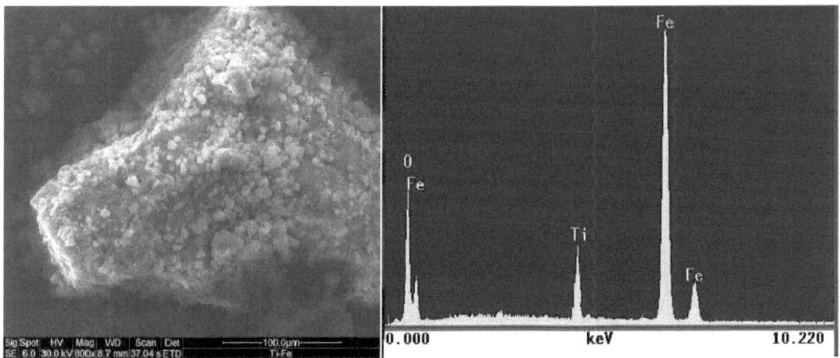

Figura 4.36 Análisis químico por rayos X de energía dispersiva para el Fe-Ti.

4.7 Caracterización de producto sólido obtenido únicamente de EC

También se realizaron pruebas de electrocoagulación sin ningún otro componente del medio acuoso para generar únicamente especies de electrocoagulación, en la figura 4.37 se muestra una micrografía realizada con la técnica de microscopia electrónica de barrido al producto solido obtenido, a esta micrografía se le realizo el análisis químico elemental EDAX (figura 4.38).

Figura 4.37 Micrografía de una partícula de fierro mostrando la sección superficial.

Figura 4.38 Análisis EDAX a la partícula de fierro.

En la figura 4.37 se muestra la micrografía obtenida de fierro proveniente de EC, en esta se muestra la sección superficial, sobre esta superficie se realiza la adsorción de las partículas o componentes del medio acuoso, ya sea para recuperar (dióxido de titanio) o eliminar como el arsénico, también se verifica mediante el análisis químico por rayos X de energía dispersiva que la partícula es de fierro y no presenta ningún otro compuesto (figura 4.38).

4.8 Caracterización del producto sólido con Arsénico

4.8.1 Caracterización del producto sólido con Arsénico usando difracción de R-X

Después de la filtración el producto sólido se secó en un horno a 90 grados, los polvos obtenidos se analizaron en el microscopio electrónico de barrido y difracción de rayos X con el fin de comprobar la presencia de las especies generadas de electrocoagulación.

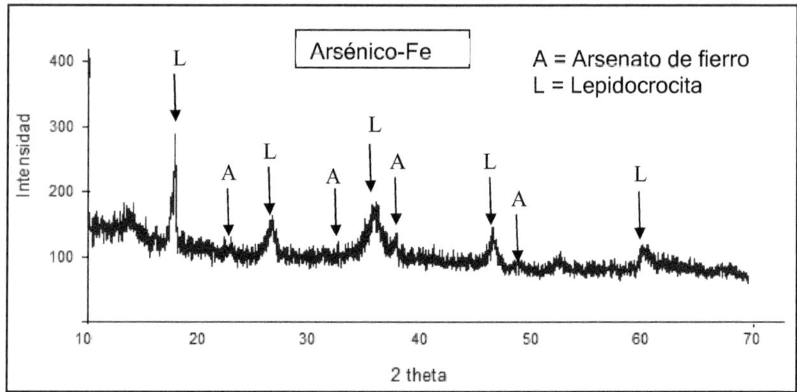

Figura 4.39 Patrón de difracción de rayos-X realizado al producto sólido obtenido en el tratamiento de agua contaminada con arsénico.

Usando la técnica de difracción de rayos X se identificó la especie generada de electrocoagulación como lepidocrocita, es en esta especie en la que se realiza la adsorción del contaminante. El arsénico se identificó como arsenato de fierro, en la figura 4.39 se muestra el patrón de difracción de rayos X realizado a la muestra de 5 ppm de arsénico.

4.8.2 Caracterización del producto sólido con arsénico usando el Microscopio Electrónico de Barrido

Se analizó el producto sólido obtenido del proceso de electrocoagulación para la remoción de arsénico, mediante el microscopio electrónico de barrido, las micrografías obtenidas se muestran en las siguientes figuras.

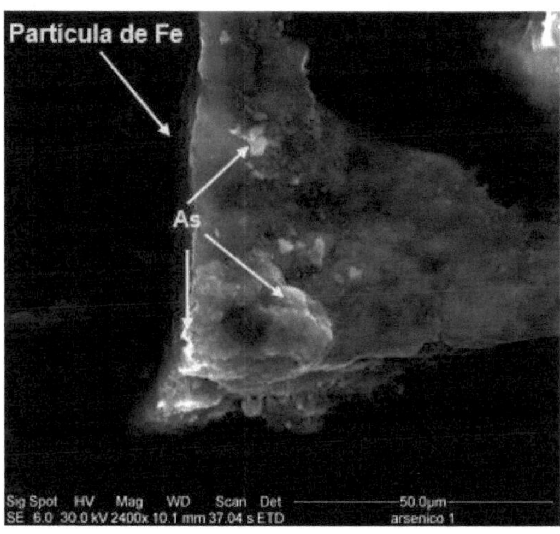

Figura 4.40 Micrografía de MEB de una partícula de fierro impregnada de arsénico.

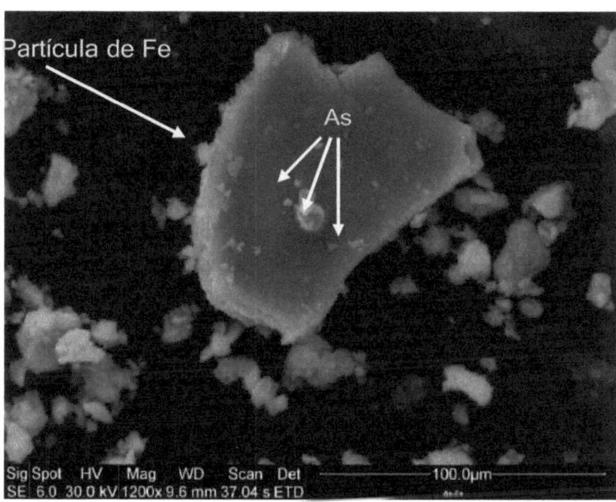

Figura 4.41 Micrografía de MEB de partículas de especies de fierro impregnado con arsénico.

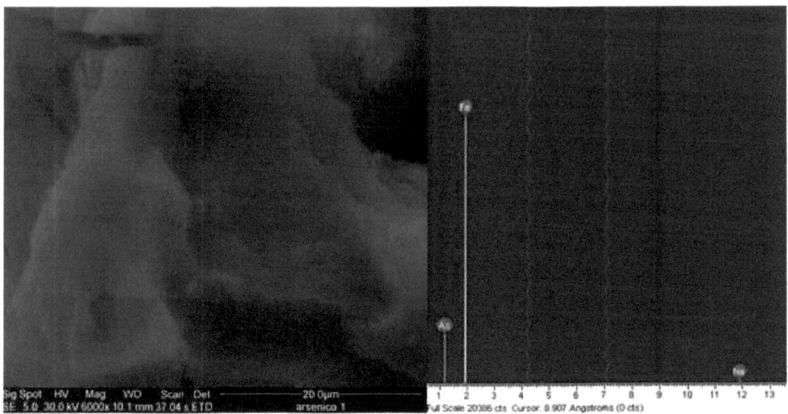

Figura 4.42   Análisis de Rayos X de Energía Dispersiva (EDAX).

Las micrografías obtenidas usando esta la microscopia electrónica de barrido (figuras 4.40 y 4.41), nos muestran las partículas porosas de especies generadas de EC como magnetita, goetita, impregnadas con arsénico. A la figura 4.42 se les realizo análisis químico mediante rayos X de energía dispersiva (EDAX) para comprobar la presencia de arsénico en las partículas fierro. Mediante este análisis se comprueba a través del mayor conteo del análisis realizado que la mayor parte de la partícula es de fierro y en menor cantidad se encuentra el arsénico, el cual se encuentra adsorbido en las especies de fierro generadas de electrocoagulación.

V. CONCLUSIONES

1. Con el proceso de oxidación fotocatálica, usando dióxido de titanio como semiconductor oxidante, se obtuvo un 94 % de eliminación de cianuro.

2. Con el proceso electroquímico de Electrocoagulación, se obtuvo un 98% de recuperación de dióxido de titanio de la solución de cianuro.

3. De acuerdo a estos resultados, se comprueba que la tecnología de Electrocoagulación, es una opción económicamente viable para recuperar los nanocristales de dióxido de titanio provenientes de la oxidación fotocatalítica de cianuro.

4. El análisis termodinámico de los parámetros obtenidos, para la recuperación del dióxido de titanio son las siguientes: ΔG= -29.0184 KJ/mol, ΔH=-13.397 KJ/Mol y ΔS=0.0524 KJ/molK. El valor negativo de la energía libre nos indica la naturaleza espontánea de la adsorción. El valor de la entalpía de adsorción corresponde a los valores de un mecanismo de fisiadsorción (valores de entalpía de -20 KJ/mol)

5. El modelo termodinámico de Langmuir, nos modeló perfectamente los resultados para predecir la capacidad de adsorción del dióxido de titanio sobre las especies de fierro, generadas por electrocoagulación. En este modelo se determinaron los siguientes datos de adsorción: el número de moles adsorbidos (valor de N de 13.605 a 77.966 mmolTio2/gFe), capacidad máxima de adsorción (Nmax=96.7 mmolTio2/gFe), área específica (190 m2/g) y la fracción cubierta Θ (0.139 a 0.812).

6. Para las muestras usadas (concentraciones de 0.5, 0.75 y 1 g/L de dióxido de titanio), se efectuó el estudio cinético variando la concentración con el tiempo, la constante cinética (k) es mayor que la constante de adsorción (K). Esto significa que el fenómeno controlante para el proceso de recuperación de TiO2 con electrocoagulación es la velocidad de adsorción del dióxido de titanio (etapa 2 del proceso de adsorción).

7. El orden de la reacción para la recuperación de dióxido de titanio se ajustó al modelo cinético de primer orden de Langmuir-Hinshelwood.

8. La caracterización realizada al producto de EC utilizando la técnica de difracción de rayos-X, se identificó como una especie de hierro conocida como magnetita y el dióxido de titanio, se identificó como Anatasa y Rutilo. Este último se encuentra en menor cantidad.

9. Con el microscopio electrónico de barrido, se verificó la presencia de dióxido de titanio en la superficie de las partículas de fierro usando la técnica del análisis de rayos X de energía dispersiva (EDAX).

10. En las pruebas de electrocoagulación realizadas a nivel laboratorio para remover el arsénico, se obtuvo una eficiencia en la remoción del 99 %.

11. Con estos resultados, se comprueba que la electrocoagulación es una alternativa viable y económica para remover arsénico de agua contaminada.

12. El modelo de Langmuir, se aplicó con buenos resultados para predecir la capacidad de adsorción de arsénico sobre las especies de fierro, se hicieron los siguientes cálculos de adsorción: el numero de moles adsorbidos con valores de N de 0.103 a 1.676 mmolAs/gFe, capacidad máxima de adsorción, Nmax=2.198 mmolAs/gFe   área específica de 235 m2/g y la fracción cubierta Θ de 0.048 a 0.760.

13. Los parámetros termodinámicos, obtenidos para la remoción de arsénico, son los siguientes: ΔG = -37.245 KJ/mol y ΔH = -54.6215 KJ/mol. El valor negativo de la ΔG nos indica la naturaleza espontánea del proceso de adsorción. El valor de ΔH corresponde al proceso de fisiadsorción.

14. Para realizar el estudio cinético, se usó la muestra con una concentración de 5 ppm de As, en este caso la constante cinética (k) es mayor que la constante de adsorción (K), por lo tanto la etapa controlante es la velocidad de adsorción (etapa 2 del proceso de adsorción)

15. Para la segunda muestra, se usó   una concentración de 10 ppm de As, en este caso la constante cinética (k) es menor que la constante de adsorción

(K), por lo tanto la etapa controlante es la velocidad de reacción en la superficie (etapa 3 del proceso de adsorción).

16. El orden de la reacción, para la eliminación de arsénico se ajustó al modelo cinético de primer orden de Langmuir-Hinshelwood

17. De la caracterización realizada con difracción de rayos-X, se identificaron diferentes especies de electrocoagulación como la goetita, magemita, lepidocrocita, el arsénico se identificó como arsenato hidratado de hidrogeno y arsenato de fierro.

18. Con el microscopio electrónico de barrido, se comprobó la presencia de arsénico en la superficie de las partículas de hidróxidos de fierro mediante el análisis de rayos X de energía dispersiva (EDAX).

19. Con la comparación de isotermas (Langmuir , Freundlich y D-R), mediante los parámetros estadísticos de coeficiente de correlación y % desviación, se verificó que la isoterma que mejor ajusta los datos es la isoterma de Langmuir.

VI. FUENTES DE INFORMACIÓN

1 http://www.plata.com.mx/Plata/Plata/produccionintern.htm (Fecha de consulta Enero 2007).

2 M. I. Jeffrey, I. M. Ritchie, The Leaching of Gold in Cyanide Solution in the Presence of Impurities, J.Electrochem.Soc. I. The Effect of Lead. 147 (9) 3257-3262. (2000).

3 J.R. Parga and D.L.Cocke, Oxidation of Cyanide in The Hydrocyclone Reactor, Journal of Desalination, 140 289-296. (2001).

4 J.D. Desai, C. Ramakrishna, P.S. Patel, S.K Awasthl, Cyanide Wastewater Treatment and Commercial Applications, Chemical Engineering World. XXXIII (6) 115-121. (1998).

5 G.H. Robbins, Historical Development of the INCO SO_2/air Cyanide Destruction Process, CIM Bulletin. (9) 63-69. (1996).

6 J.R. Parga, D.L. Cocke, J.L. Valenzuela, J.A. Gomes, M. Kesmez. Arsenic Removal via Electrocoagulation from Heavy Metal contaminated groundwater in La Comarca Lagunera, Mexico. Journal of Hazardous Materials B124. 247-254. (2005).

7 Greenberg, Arnold et al. Standard methods for the examination of water and wastewaster. Washington D.C: American public health association, 268 p. ISBN 0-87553-131-8. (1985).

8 G. Pavas E. Camargo M. P, Castro Jones C, Pineda V.T, Oxidación Fotocatalítica de Cianuro, ISSN 1692-0694, Documento 29-042005, Universidad EAFIT, Medellín, Colombia, abril (2005).

9 V. Augugliaro, J. Blanco, J. Caceres, E. Garcia, V. Loddo, Photocatalytic oxidation of Cyanide in Aqueous TiO_2 Suspensions Irradiated by Sunlight in Mild and Strong Oxidant Conditions, Catalysis Today, 54 245-253. (1999).

10 U.B. Ogutueren, E. Toru, S. Koparal, Removal of Cyanide by Anodic Oxidation for Wastewater Treatment, Water Research. 33 (8) 1851-1856. (1999)

11 Young, C.A. y Jordan, T.S. Cyanide remediation: current and past technologies: Proceedings of the 10th annual conference on hazardous waste research. Vol. 44, 104-129. (1999).

12 U.B. Ogutueren, E. Toru, S. Koparal, Removal of Cyanide by Anodic Oxidation for Wastewater Treatment, Water Research. 33 (8) 1851-1856. (1999).

13 W.L. Perry, W.W. Eckenfelder, Toxicity Reduction in Industrial Effluents. (New   York: Van Nostrand Reinhold Co. (1990).

14 Norma Oficial Mexicana NOM - 003 - ECOL - 1997.

15 G.H. Robbins, Historical Development of the INCO SO_2/air Cyanide Destruction Process, CIM Bulletin. (9) 63-69. (1996).

16 Longsdon Mark, Kagelstein Karen, I. Mudder Terry. El manejo del cianuro en la extracción del oro. Consejo Internacional de Metales y Medio ambiente. ICME (Chem.129 National Council on Metals and Environment), (2003).

17 J. A. Dirk Van Zyl, P. G Hutchison, Introduction to Evaluation, Design, and Operation of Precious Metal Heap Leaching Projects, Society of Mining Engineers   of   AIME,   Technology   &   Industrial Arts, 298-303. (1998)

18 Legrini, E. Oliveros y A.M. Braun, Chem. Rev., 93, 671-698,(1993).

19 Huang CP, Ch. Dong y Z. Tang, Waste Management, 13, 361-377, (1993).

20 US/EPA Handbook of Advanced Photochemical Oxidation Processes, EPA/625/R-98/004, (1998).

21 The AOT Handbook, Calgon Carbon Oxidation Technologies, Ontario, (1997).

22 Bolton J.R.y Cater S.R., "Aquatic and Surface Photochemistry", 467-490. G.R. Helz, R.G. Zepp y D.G. Crosby Editores. Lewis, Boca Ratón, Florida, USA, (1994).

23 Glaze W.H., Environ. Sci. Technol., 21, 224-230,(1987).

24 Glaze W.H.,. Kang J.W y Chapin D.H., Ozone Sci. & Technol., 9, 335-352, (1987).

25 González Silvia, Sahores Martha. Iimpacto ambiental debido al uso de cianuro en la minería a cielo abierto. Universidad Nacional de la Patagonia, San Juan Bosco, Facultad de Ciencias Naturales. (2003).

26 G. Pavas E. Camargo M. P, Castro Jones C, Pineda V.T, Oxidación Fotocatalítica de Cianuro, ISSN 1692-0694, Documento 29-042005, Universidad EAFIT, Medellín, Colombia, abril (2005).

27 Ahumada Theoduloz Gerardo. CI 51 K procesos de tratamiento de agua potable, Apuntes de coagulación-floculación, universidad de Chile, (2005). http://cipres.cec.uchile.cl/~ci51k/Apuntes/CoagulacionFloculacion.pdf (Fecha de consulta marzo 2007)

28 Sharma V.K. Rivera W., Joshi VN., Millero FJ. Environ. Sci. Technol., 33, 2645-2650, (2000).

29 Fujishima, A. ; Rao, T. N. ; Tryk, D. A. Titanium dioxide photocatalysis. J. Photochem. & Photobio. C: Photochem. Rev., 1, 1-21, (2000).

30 V. Augugliaro, J. Blanco, J. Caceres, E. Garcia, V. Loddo, Photocatalytic oxidation of Cyanide in Aqueous TiO_2 Suspensions Irradiated by Sunlight in Mild and Strong Oxidant Conditions, Catalysis Today, 54 249-253. (1999)

31 D. Bhakta, S. S. Shukla, M.S. Chandrasekharalah, J. L. Margrave, A Novel Photocatalytic Method For Detoxification of Cyanide Wastes, Environ. Sci. Techno. 26 625-626. (1992).

32 U.B. Ogutueren, E. Toru, S. Koparal, Removal of Cyanide by Anodic Oxidation for Wastewater Treatment, Water Research. 33 (7) 1850-1854. (1999).

33 P. Liang, Y. Qin, B. Hu, CH. Lin, Tianyou Peng, Z. Jiang, Study of the Behavior of Heavy Metal Ions on Nanometer-Size Titanium Dioxide With ICP-AES, Fresenius J. Anal. Chem. 368 638-640. (2000).

34 R. Shapiro, S. Dubelman, A.M Feinberg, Heterogeneous Photocatalytic Oxidation of Cyanide Ion in Aqueous Solutions at TiO_2 Powder, Departmen of Chemistry, New York University, 303-304. (1990).

35 G. Pavas E. Camargo M. P, Castro Jones C, Pineda V.T, Oxidación Fotocatalítica de Cianuro, ISSN 1692-0694, Documento 29-042005, Universidad EAFIT, Medellín, Colombia, abril (2005).

36 Blanco J. Malato, Bahnemann D. Carmona F. Y Martinez F. Proceedings of 7th Inter.. symp. On Solar Thermal Conc. Tech., IVTAN Ed. ISBN 5-201-09540-2, 540-550, Moscow,Russia, (1994).

37 N. A. Jaramillo, Fotodegradación, SENA La Salada, Caldas Antioquia, 4,7. (2005)

38 D. Dabrowsky, J. Hupka, M. Zurawzka, Laboratory and Pilot Scale Photodegradation of Cyanide-containing wastewater, Phisicochemical Problems of Mineral Processing, 39, 229-248. (2005)

39 http://www.miliarium.com/monografias/arsenico/ (Fecha de consulta octubre 2007)

40 Scott J.P.y. Ollis D.F, Environ. Progress, 14, 88-103,(1995).

41 Deng B., Burris DR. Y Campbell TJ>, Environ. Sci. Technol., 33, 2651-2556, (2000).

42 http ://www.ingenieroambiental.com/informes/arsenicoestudio.htm (Fecha de consulta mayo 2007).

43 Kovatcheva, V.K. and Parlapanski, M.D. Sono-Electrocoagulation of Iron Hydroxides, Colloids and Surfaces, 149, 603-608. (1999).

44 Mollah, M., Schennach R., Parga J.R. and Cocke D. L., Electrocoagulation (EC)-Science and Applications, Journal of Hazardous Materials, B84 29-41. (2001).

45 http://www.ingenieroambiental.com/informes/arsenicoestudio2.htm (Fecha de consulta febrero 2008)

46 Vlyssides, A.G., Papaioannou, D., Loizidoy, M., Karlis. P.K., and Zorpas, A.A. Testing an Electrochemical Method For Treatment of Textile Dye Wastewater, Waste Management, 20, 569-574. (2000).

47 Mills D. A New Process For Electrocoagulation, American Water Works Association, 92, 6, 39-45. (2000).

48 G. Chen, X. Chen, P. L. Yue, Electrocoagulation and Electroflotation of Restaurant Wastewater, J. Environmental Engineering, Sept. 858-862. (2000)

49 M. J. Matteson, R. L. Dobson, R. W. Glenn, N. S. Kukunoor, Electrocoagulation and Separation of Aqueous Suspensions of Ultrafine Particles, J. colloids and Surfaces, 104 101-109. (1995).

50 Kovatcheva, V.K. and Parlapanski, M.D. Sono-Electrocoagulation of Iron Hydroxides, Colloids and Surfaces, 149, 603-608. (1999).

51 Parga, J.R., Shukla, S,S. and Carrillo-Pedroza, F.R. Destruction of Cyanide Waste Solution Using Chlorine Dioxide, Ozone and Titania Sol. (2003).

52 H.A. Moreno, D.L. Cocke, A.G Gomez, P Morkovsky, J.R. Parga. Electrocoagulation Mechanism for COD Removal. Separation and Purification Technology. SEPPUR-D-06. 11-14. (2007)

53 J.R parga,D.L. Cocke,V Valverde,J.AG. Gomes,H Moreno, and D. Mencer. Characterization of Electrocoagulation for Removal of Cr and As. Journal of 132hem... Eng Technol. 28. 605-612. (2005).

54 M.Y.A. Mollah,P. Morkosvy, A.G. Gomes, M. Kesmez. D.L. Cocke. Fundamentals, Present and Future Perspectives of Electrocoagulation. J. Hazard Mater. B114. 199-210. (2004)

55 Legrini, E. Oliveros y A.M. Braun, Chem. Rev., 93, 671-698,(1993).

56 G. Vicuña I. Tuñon. Apuntes de Química Avanzada, Departamento de Química-Física. Universidad de Valencia. Marzo (2006).

57 R. Ramos, L.G Velazquez, R.M. Guerrero. Adsorción de Salicilato de Sódio en Solucion Acuosa sobre Carbon Activado. Journal of the Mexican Chemical Society. Numero 002, Vol. 46. 159-166. (2003).

58 I. Tuvert, V. Talanquer. Sobre adsorción. Para Saber Experimentar y Simular , Educación Química, Facultad de Quimica, UNAM, 6. 186-190. (1999).

59 D. F. Shoemaker. Experiments in Physical Chemistry, Mc-Graw Hill. (1998)

60 A.G Gupta, S Kundu. Adsorptive Removal of As(III) from Aqueous Solution Using Iron Oxide Coated Cement (IOCC): Evaluation of Kinetic Equilibrium

and Thermodynamic Models. Separation and Purification Technology, 51, 165-172 (2006)

61 G. Pavas E. Camargo M. P, Castro Jones C, Pineda V.T, Oxidación Fotocatalítica de Cianuro, ISSN 1692-0694, Documento 29-042005, Universidad EAFIT, Medellín, Colombia, abril (2005).

62 G. Vicuña I. Tuñon. Apuntes de Química Avanzada, Departamento de Química-Física. Universidad de Valencia. Marzo (2006).

63 Elías Chávez J. A. Comparación metalúrgica de la regeneración de cianuro usando aluminio. Tesis de maestría en materiales. Instituto Tecnológico de Saltillo, febrero (2000).

Printed by Books on Demand GmbH, Norderstedt / Germany